全国高等院校环境设计专业规划教材

设计思维表达

黄红春 —— 编著

Expression of
Design Idea

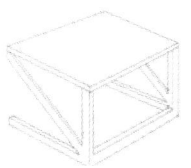

西南师范大学出版社
国家一级出版社 全国百佳图书出版单位

图书在版编目（CIP）数据

设计思维表达 / 黄红春编著. — 重庆：西南师范大学出版社，2010.9（2021.8重印）

ISBN 978-7-5621-5038-1

Ⅰ. ①设… Ⅱ. ①黄… Ⅲ. ①艺术－设计 Ⅳ. ①J06

中国版本图书馆CIP数据核字（2010）第176785号

全国高等院校环境设计专业规划教材

设计思维表达
SHEJI SIWEI BIAODA

编　　著：黄红春

责任编辑：王玉菊
书籍设计：UFO_ 鲁明静　汤妮
出版发行：西南师范大学出版社
地　　址：重庆市北碚区天生路2号
邮　　编：400715
网　　址：http://www.xscbs.com
网上书店：http://xnsfdxcbs.tmall.com
电　　话：023-68860895
传　　真：023-68208984
经　　销：新华书店
印　　刷：重庆康豪彩印有限公司
制　　版：重庆新生代彩印技术有限公司

幅面尺寸：210mm×285mm	印　张：7.5	字　数：240千字
版　　次：2010年9月第1版	印　次：2021年8月第3次印刷	
书　　号：ISBN 978-7-5621-5038-1		
定　　价：49.00元		

本书如有印装质量问题，请与我社读者服务部联系更换。
读者服务部电话：023-68252471
市场营销部电话：023-68868624 68253705

西南师范大学出版社美术分社欢迎赐稿。
美术分社电话：(023)68254657 68254107

序

郝大鹏

环境艺术设计市场和教育在内地已经喧嚣热闹了多年，时代要求我们教育工作者本着认真负责的态度，沉淀出理性的专业梳理。面对一届届跨入这个行业的学生，给出较为全面系统的答案，本系列教材就是针对环境艺术专业的学生而编著的。

编著这套与课程相对应的系列教材是时代的要求，是发展的机遇，也是对本学科走向更为全面、系统的挑战。

它是时代的要求。随着经济建设全面快速的发展，环境艺术设计在市场实践中一直是设计领域的活跃分子，创造着新的经济增长点，提供着众多的就业机会，广大从业人员、自学者、学生亟待一套理论分析与实践操作相统一的，可读性强、针对性强的教材。

它是发展的机遇。大学教育走向全面的开放，从精英教育向平民教育的转变使得更为广阔的生源进到大学，学生更渴求有一套适合自身发展、深入浅出并且与本专业的课程能一一对应的教材。

它也是面向学科的挑战。环境艺术设计的教学与建筑、规划等不同的是它更具备整体性、时代性和交叉性，需要不断地总结与探索。经过二十多年的积累，学科发展要求走向更为系统、稳定的阶段，这套教材的出版，对这一要求无疑是有积极的推动作用的。

因此，本系列教材根据教学的实际需要，同时针对教材市场的各种需求，具备以下的共性特点：

1. 注重体现教学的方法和理念，对学生实际操作能力的培养有明确的指导意义，并且体现一定的教学程序，使之能作为教学备课和评估的重要依据。从培养学生能力的角度分为理论类、方法类、技能类三个部分，细致地讲解环境艺术设计学科各个层面的教学内容。

2. 紧扣环境艺术设计专业的教学内容，充分发挥作者在此领域的专长与学识。在写作体例上，一方面清楚细致地讲解每一个知识点、运用范围及传承与衔接；另一方面又展示教学的内容，学生的领受进度。形成严谨、缜密而又深入浅出、生动的文本资料，成为在教材图书市场上与学科发展紧密结合、与教学进度紧密结合的范例，成为覆盖面广、参考价值高的第一手专业工具书与参考书。

3. 每一本书都与设置的课程相对应，分工较细、专业性强，体现了编著者较高的学识与修养。插图精美、说明图例丰富、信息量大。

最后，我们期待着这套凝结着众多专业教师和专业人士丰富教学经验与专业操守的教材能带给读者专业上的帮助。也感谢西南师范大学出版社的全体同人为本套图书的顺利出版所付出的辛勤劳动，预祝本套教材取得成功！

前言

21世纪的中国，随着社会的快速发展、环境艺术设计行业的日渐兴盛，社会对环境艺术设计从业人员的需求不断扩大，从而对设计教育也提出了前所未有的挑战。如何培养出思想和技能兼备的设计师？笔者认为：设计基础能力的培养是超出技能、技法的设计教育的重头戏。

本教材通过介绍设计思维表达的基本知识，使初学设计者认识到：设计的整个过程都包含了设计思维表达这一基础能力，设计活动的全过程（即观察、记录、分析、思考、交流、表述）都包含了设计思维表达这一方法。正是由于设计语言表达与设计思维之间的互动，才使得设计工作不断向前推进，最终创造出好的设计作品，因此灵活运用各种视觉表达方式进行设计思维表达对设计专业具有特殊意义。

在环境艺术设计、景观设计及建筑设计等专业的传统教学中，这门课程常常与"设计基础几何"或"表现技法"融合在一起，没有成为独立的课程。教学大纲将这门课程单独立项作为设计的基础课程，是由于在长期的教学实践及研究国内外先进教学体系的过程中发现："设计思维表达"这一技能不能简单地等同于"画法"或"表现"。设计思维表达就是通过艺术手段进行综合思维的手法。设计思维表达是设计手段而非目的。

这门课程的独立开设将设计主干课程与设计基础技能课程更紧密地联系起来。

本书着重培养初学者设计思维表达的基础能力；将"设计基础几何"与"表现技法"中学到的知识与技能结合起来，强化设计思维的图示、图形表达能力；对设计的表达方式和手段进行多种训练，分阶段完成设计思维表达的任务；进而培养学生的观察能力、信息处理能力、设计思考与分析能力及设计创意的交流能力。

本书具有理论性、示范性、实用性强的特点，适合于景观设计专业、室内设计专业的学生和从业者阅读。

在编写的过程中，笔者有幸得到郝大鹏教授的悉心指导，使本书得以顺利完成，在此表示由衷的感谢。

本书的主体内容由本人的设计和教学经验总结而成，其中难免有疏漏之处，希望得到各专家、同仁以及读者的指正。

目录

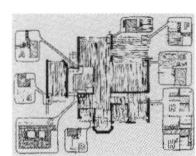

第一章 定位

1 第一节 主要内容

2 第二节 研究对象
　　一、设计视觉语言
　　二、设计过程的表达

5 第三节 教学目的

5 第四节 能力目标

5 第五节 前期课程

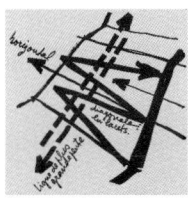

第二章 设计思维表达的基本类型与基础做法

6 第一节 图形类表达
　　一、特点与作用
　　二、图形类表达的种类

20 第二节 模型类表达
　　一、特点与作用
　　二、模型类表达的种类
　　三、实体模型制作的训练要点与方法

目录

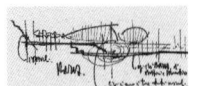

第三章　设计思维表达的应用

36　第一节　观察记录
　　一、设计思维表达在设计观察记录中的作用
　　二、内容

42　第二节　分析
　　一、设计思维表达在设计分析中的作用
　　二、内容

48　第三节　思考
　　一、设计思维表达在设计思考中的作用
　　二、内容

53　第四节　交流表述
　　一、设计思维表达在设计交流表述中的作用
　　二、内容

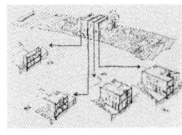

第四章　设计思维表达的技能培养

60　第一节　课程概况
　　学时及周时

61　第二节　教学目标与能力培养

62　第三节　课程安排
　　课程阶段设计总表

63　第四节　基本功训练
　　一、基础训练
　　二、应用训练
　　三、综合训练

114　后记

114　主要参考文献

第一章 定位

第一节 主要内容

设计思维表达是设计师用来表达设计思想的一种表现形式，是设计者记录设计思维、表达设计意图的媒介，也是传达设计师情感以及体现整个设计构思的一种形式语言。

本教材中的"设计思维表达"主要是研究在设计过程中如何运用设计语言快速、清晰地表达设计思想。

设计本身是一个复杂的思维过程，这个过程必须通过一系列的视觉语言来表达。就环境艺术设计来说，设计过程中的项目考察——信息记录——信息分析——设计构思——方案交流——方案表述，每一过程都必须通过视觉语言表达的方式来完成。在这一系列过程中，设计思维表达就是通过眼、脑、双手以及工具之间娴熟的技巧配合，快速地把设计思想转变为一幅清晰的图画。

本教材通过介绍设计思维表达的基本知识，使学生认识到设计活动的全过程（即观察、记录、分析、思考、交流、表述）必须通过视觉语言的方式来表达，从而灵活掌握各种视觉表达手段，帮助完成设计的每一过程，并促进设计思维的发展。因此，灵活运用各种视觉表达方式进行设计思维表达对设计专业具有特殊意义。

本教材着重培养学生设计思维表达的技能，对设计的表达方式和手段进行多种训练，分阶段完成设计思维表达的任务，进而培养学生的观察能力、信息处理能力（记录、分析能力）、设计思考与设计意图的交流能力及设计方案的表述能力。

本教材前半部分主要介绍了设计思维表达这一技能的基础知识，包括设计思维表达的方法和手段，以及设计思维表达的应用；后半部分主要讲述如何分阶段、有步骤地培养灵活运用设计表达手段，快速、清晰、准确地表达设计思维的能力。

第二节 研究对象

一、设计视觉语言

（一）设计思维表达就是视觉语言表达

21世纪是一个信息化程度很高的时代，各种传媒每分钟都在传播大量的视觉信息。信息图像化倾向越来越明显。有人称当今的时代为"读图的时代"，人们把"读图"作为一个基本生活内容。正因为视觉图像传播猛烈，在今天"视觉""思考""表达"这一类词语的使用频率也就很高。视觉语言表达的方式更为多样，视觉语言表达的功能也更为突出。

在设计领域中，视觉语言表达更是设计活动的主体内容。设计师以创造为工作的本质，但在设计过程中，一个充满生机的创意是看不见摸不着的，语言文字也只能起到描述的作用，设计的本质是要创造出具体的形象，这种形象只有通过视觉语言表现出来，创意及构思才能被认识、认可并最终形成方案。所以，设计师是通过一种形象语言进行交流、利用图形符号表达思维的人。

设计是一个非常复杂且充满创意的特定的思维活动，其设计语言在设计的思维活动中有着非常重要的作用和意义。设计作为庞大而特定的专业行业，在其语言上视觉是它特定的形式（如图形、文字、符号等）。设计行业的交流语言形式是视觉的，因此把设计语言定性为视觉语言，称为设计视觉语言。

图1-1 服装设计的视觉语言表现

图1-2 工业设计的视觉语言表现

实际上，设计思维表达这一技能与当今各个设计领域都息息相关。虽然各领域的设计思维表达各不相同，但所涉及的基本方法都是一样的，都是属于视觉语言表达类型。服装设计（图1-1）、工业设计（图1-2）、家具设计（图1-3）等所用到的方法都属视觉语言表现类型。

设计思维表达就是设计师用视觉语言的方式传达自己的思考方式、思考过程以及思考结果。设计思维表达就是视觉语言表达。

在环境艺术设计领域中，视觉语言表达同样地被广泛使用。由于专业的特殊性，环境艺术设计专业的视觉语言与其表达也发展成为特定的专业语言与专业表达方式。（图1-4~图1-6）

图1-3 家具设计的视觉语言表现

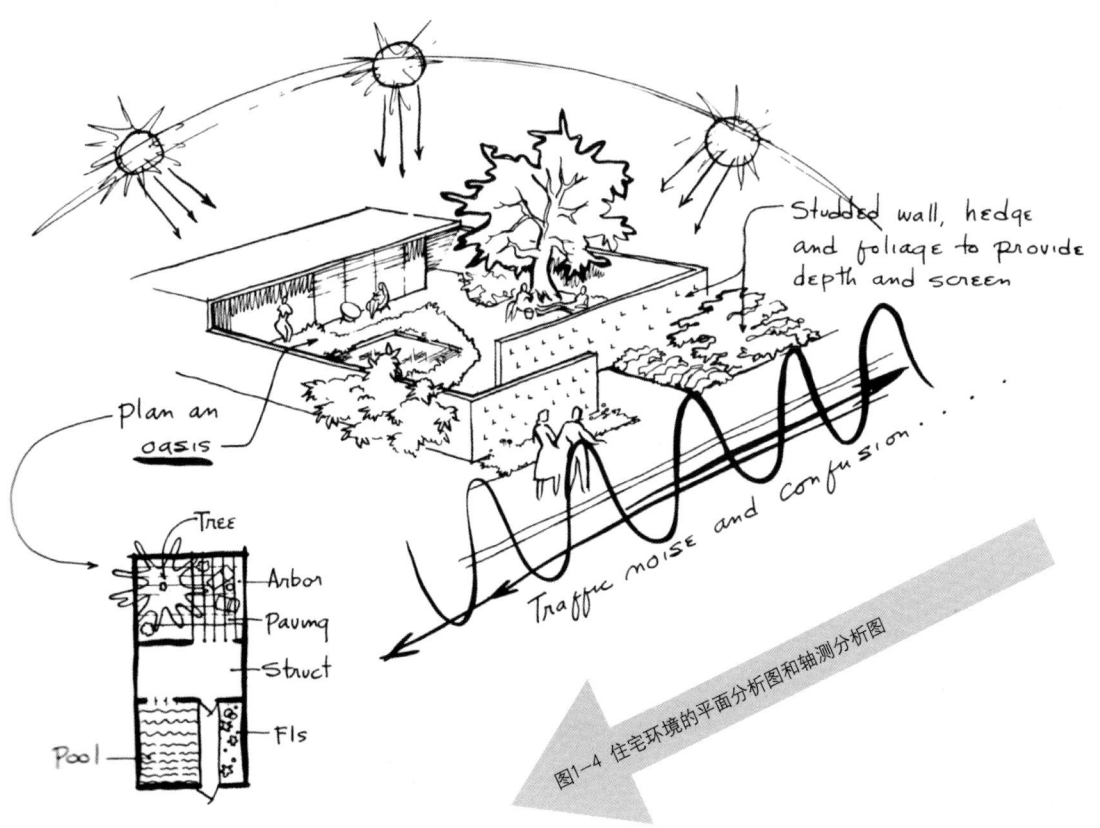

图1-4 住宅环境的平面分析图和轴测分析图

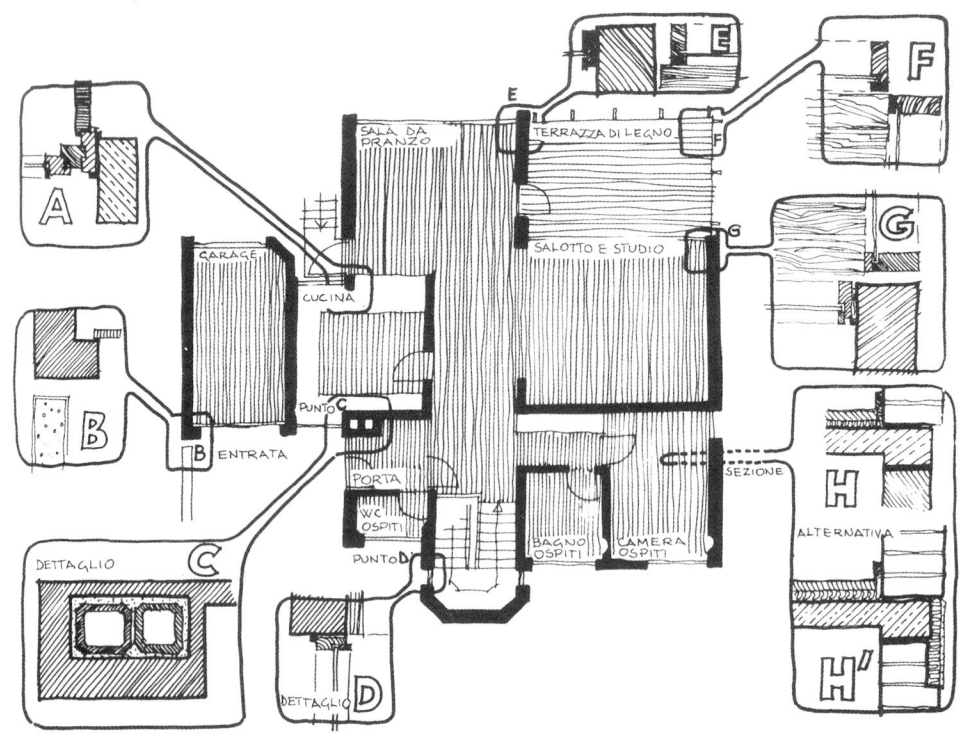

图1-5 室内空间节点结构大样图

（二）设计视觉语言是设计思维表达课程研究的重点

设计是一种构思与计划的活动，这种活动只能通过视觉语言来表达。因此，视觉语言表达是设计的技能，在专业教学中应有专门的训练。

设计活动的全过程是一种思考活动过程，它包含了创意和计划，创意和计划的方式只能是一种视觉方式。因此，用视觉进行思考对设计专业具有特殊意义。

设计艺术是造型艺术，其对象是现实世界的空间物质内容（形态、色彩、材质、肌理），反映的是空间物质的视觉感受；其专业属性是视觉艺术。设计活动自始至终都是在进行视觉交流。

所以，视觉语言表达是设计师的一种非常重要的手段和方法，也是设计师必备的能力。如何利用视觉语言进行思考计划、对设计思想充分表述，学会手脑并用，这是本课程研究的重点。

二、设计过程的表达

（一）设计思维表达是设计过程的表达

设计思维表达并非只是设计成果的视觉表现，也不仅仅是便于作者以外的其他人观看的视觉材料。它们是设计师思考过程的记录，是设计方案得以进展的基础，是原始的、未加修饰的设计思考的结晶，也是设计师的专业知识、技能、综合修养、经验、灵感的综合体现。（图1-7）

（二）设计思维表达课程是按设计过程分步骤进行研究

本教材将设计这一过程理解为包括观察、记录、分析、思考、交流、表述这六大过程。设计思维表达的内容贯穿于设计的全过程。如何熟练灵活地运用设计视觉语言，帮助设计工作者完成设计的每一过程，也是本课程研究的重点。它包括：

（1）如何用特定的设计表达语言观察并记录现状，以便为下一步设计提供有效的信息及思路；

（2）如何运用视觉手段分析演变过程；

（3）如何将设计表达手段转化为有助于提高设计思维的工具；

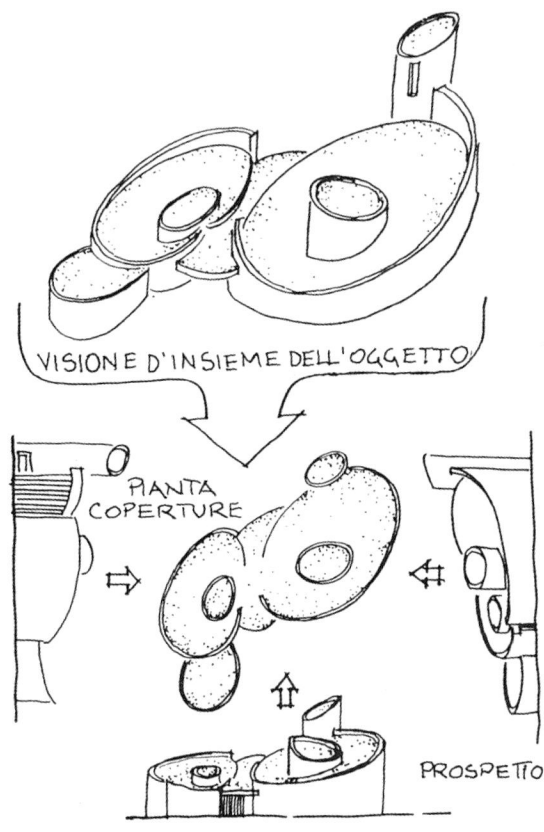

图1-6 建筑的平面投影图及立面投影图

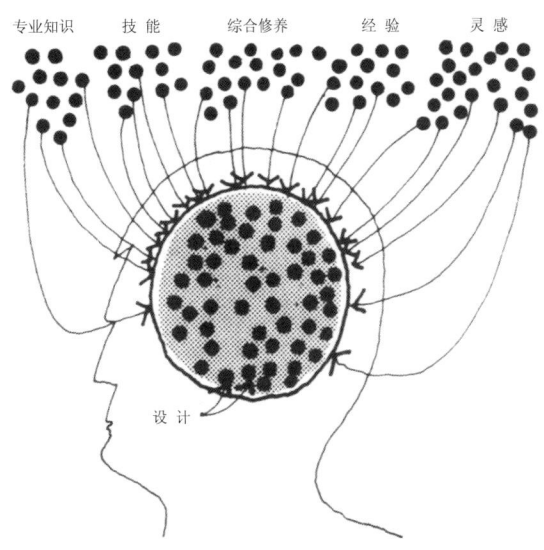

图1-7 设计思维表达是设计师的专业知识、技能、综合修养、经验、灵感的综合体现

(4) 如何灵活运用设计表达手段为特定的人群表述设计师的设计思想，表达设计理念和设计思维过程。

第三节 教学目的

通过本门课程的学习，能够使本专业学生顺利完成从初级到高级的设计表达，并能使初学者认识到设计思维与表达互动的重要性，掌握设计思维表达的技能，走好设计入门的第一步。

第四节 能力目标

本门课程为设计类基础技能课程，主要培养学生以下三方面能力：

(1) 对事物的观察能力及信息的记录、分析能力；

(2) 设计视觉语言的思考能力、设计意图的视觉语言交流能力；

(3) 设计意图的视觉语言表达能力。

通过本门课程的学习，学生能较好地掌握运用设计语言进行观察、记录、分析的技能，提高学生思考、交流、表述的能力，并能将图形语言与设计思维互动起来，分阶段完成设计思维表达的任务。

第五节 前期课程

前期课程包括环境艺术设计概论、构造与施工图设计、空间构成与模型制作、透视原理及空间描绘、表现技法等。本课程与透视原理及空间描绘、表现技法这两门课程有着紧密联系，共同形成一个完整的设计基础技能训练的系列课程。

第一阶段：透视原理及空间描绘，主要解决了设计基础几何的学习。

第二阶段：表现技法，主要解决设计表现的工具与技法。

第三阶段：设计思维表达，主要解决设计过程的表述、设计语言表达与设计思维的互动的问题。

第二章 设计思维表达的基本类型与基础做法

在环境艺术设计工作中,设计思维表达其实是一个十分宽泛的概念。从形式来看,它既可以是二维的平、立面图,也可以是三维的透视图,还可以是立体的模型;从方法来看,它既可以是手绘,也可以用辅助工具绘制,还可以利用计算机制作。从设计表达的广义层面上讲,语言表达其实也属于其中的一种方法,它们的形式不同,目的却是一致的,设计思维表达的目的在于采用最佳的表现方式,完全传达和展示出设计者的设计思想和设计概念,并帮助设计者进行思维演进和方案交流。

在环境艺术设计领域中常用的设计思维表达手法无外乎以下几种类型:图形类表达、模型类表达,以及一些综合的表达。

第一节 图形类表达

一、特点与作用

(一) 特点

由于图形表达的工具简单,便于携带,且多种多样,所以图形语言的表达方式成为应用最广泛、最基础的表达方式。它具有快速、可操作性强的特点。

(二) 作用

1. 快速记录

图形类表达借用方便的工具,可以迅速地将思想中的符号以图形语言的形式形象地呈现在纸上,使构思形象化、具体化。这种方法除了可以帮助设计者随时记下头脑中的设想和构思外,还可以在设计考察中随时记下现场的各种信息,以及在看到优秀的实际案例时,能够快速地记录并形成设计语言,为设计者积累更多的经验。

2．快速表达与交流

有人说：一个想法被接受与否，很大程度上取决于设计师的表现能力。在我们实际工作中确实如此。特别是在现场的讨论过程中，需要用形象语言与甲方或同行交流讨论时，与其他表现形式相比，图形类表达快速直观的视觉效果更便于与甲方或同行进行沟通交流。

3．启发思考

图形类表达除了用来与甲方或同行交流思想外，还是设计师用于启发设计灵感、帮助设计思考的最佳工具。图形类表达可以把瞬间的思维灵感用概括的线条记录下来，同时笔下的图形形象刺激设计师的大脑中枢，产生新的形象思维，从而启发设计师的设计思考。图形类表达可以说是设计过程中思想的浓缩，它贯穿于设计工作的始末。设计师用图形思考问题，创作从线条混杂的形象到量化的形象，是一个从无序到有序的过程。从心理学角度出发，用图形进行设计和创作，符合思维发展的规律，是一个从局部到整体、由模糊到清晰的过程。

二、图形类表达的种类

从表现形式上来分，设计思维表达大致可分为常规图、分析图和符号图；从表现目的来分，设计思维表达可分为概念图解和设计草图。

（一）常规图、分析图和符号图

1．常规图

平面图

这种图可以总括地表现出总体环境和所设计物体的总体式样。（图2-1、图2-2）

立面图

立面图能够迅速记录一个空间或环境的式样和特征，这种常规图可以表现出空间立面的所有要素。（图2-3、图2-4）

剖面图

剖面图可以表现出整体环境及空间各部分的构成关系。（图2-5、图2-6）

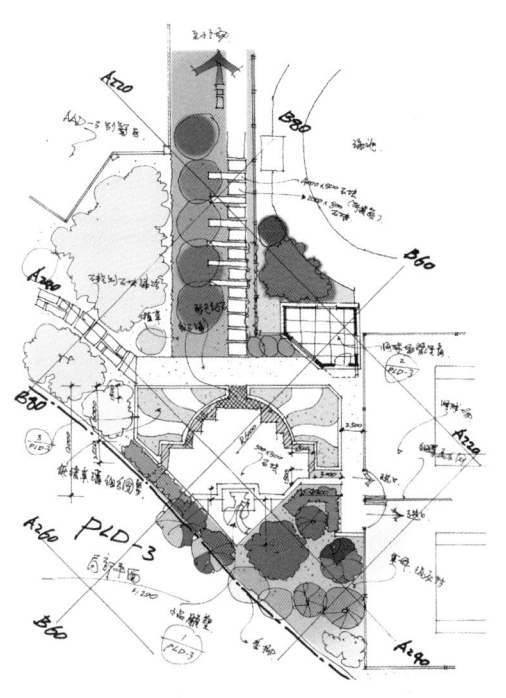

图2-1 环境景观设计平面图

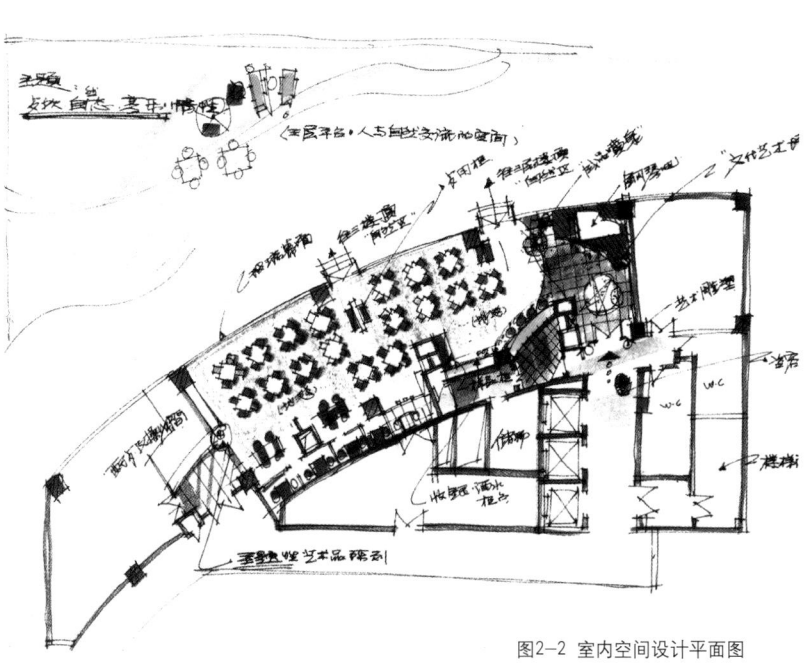

图2-2 室内空间设计平面图

图 2-3 景观建筑设计立面图

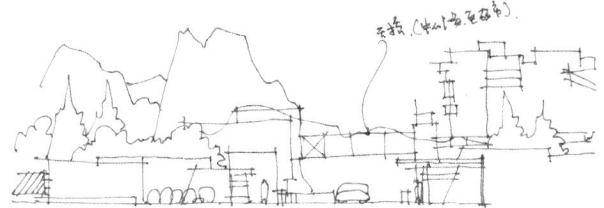

图2-4 景观设计立面图

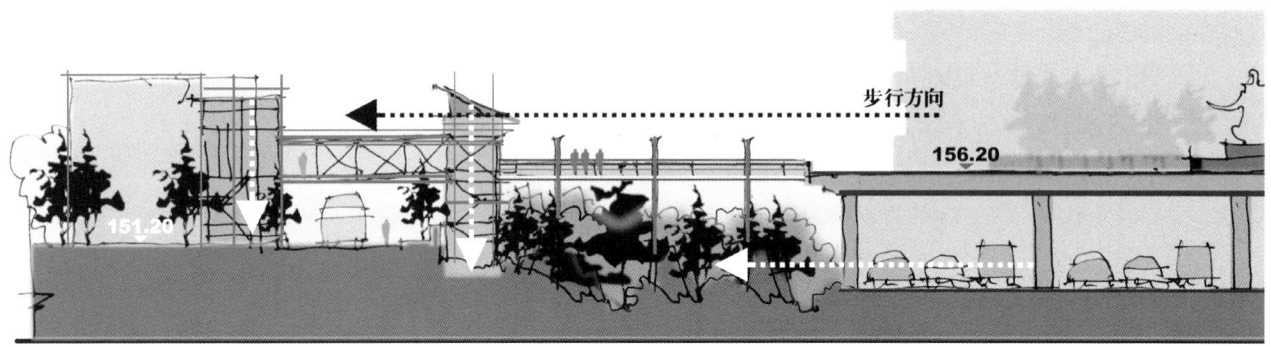

图2-5 景观设计剖面图

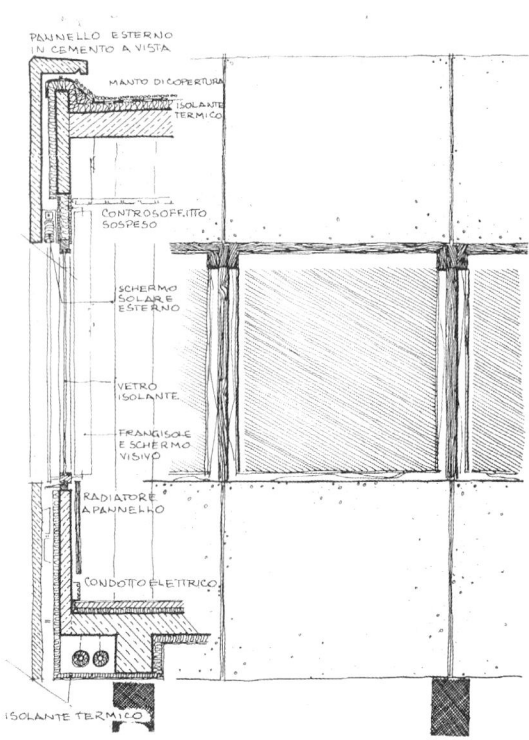

图2-6 室内设计剖面图

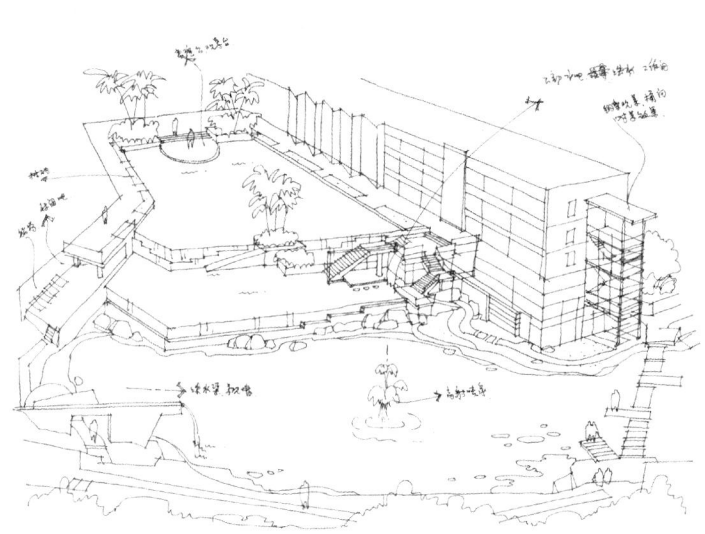

图2-7 景观设计透视图

透视图

透视图表现的是三维空间的整体效果。（图2-7、图2-8）

轴测图

轴测图可以代替透视图来表现三维的空间或物体。在轴测图中，所有空间中的平行线在画面上也是平行的。（图2-9、图2-10）

透明图

为了表现一个环境空间的外部和内部的联系，可以把前面部分画成透明的（图2-11）或者用虚线表示（图2-12）。

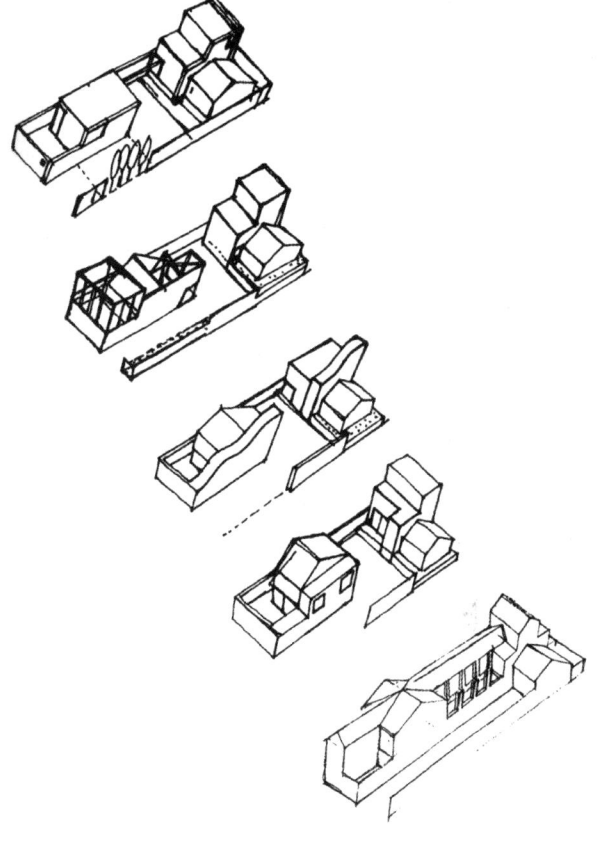

图2-10 住宅方案轴测图

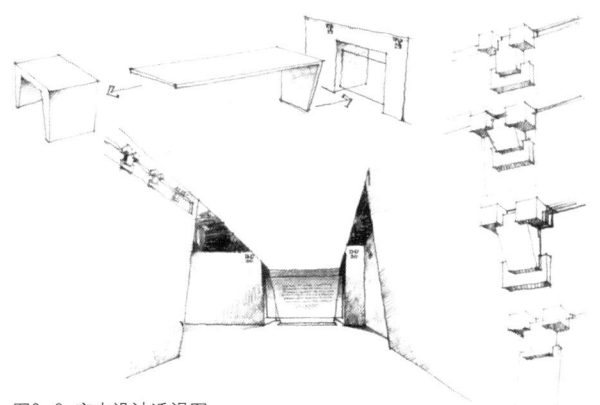

图2-8 室内设计透视图

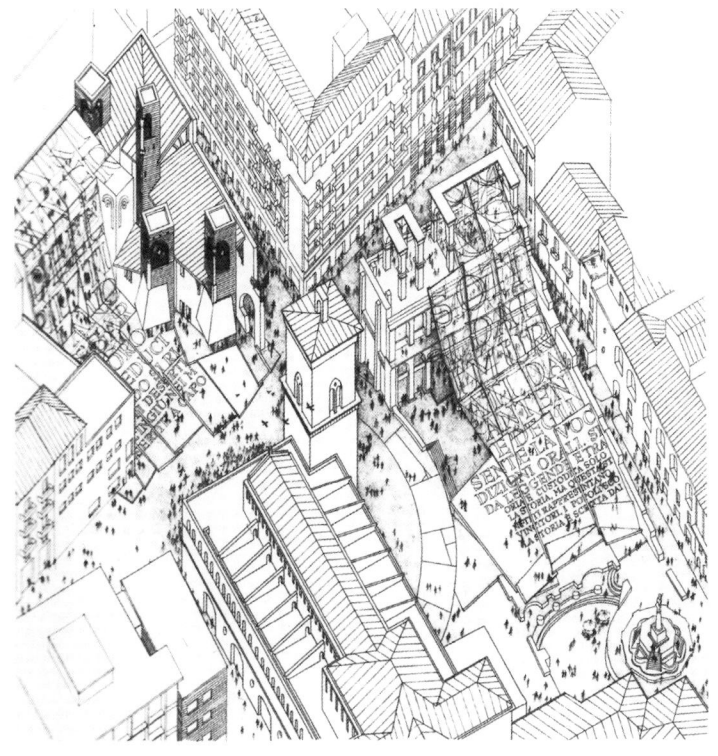

图2-9 街区轴测图

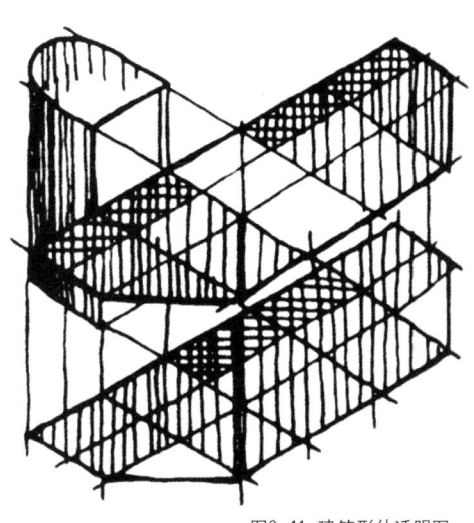

图2-11 建筑形体透明图

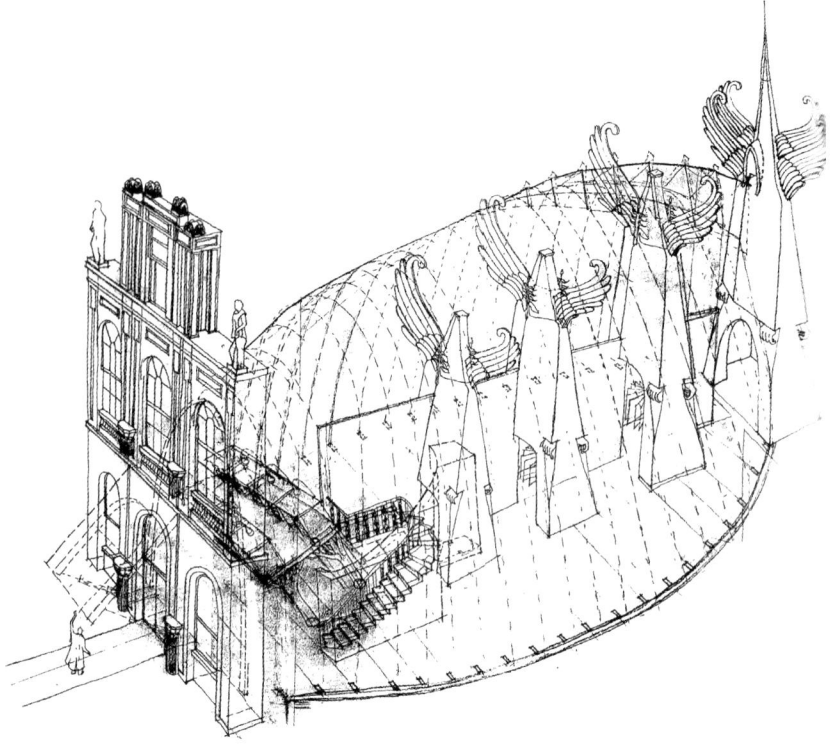

图2-12 建筑设计透明图

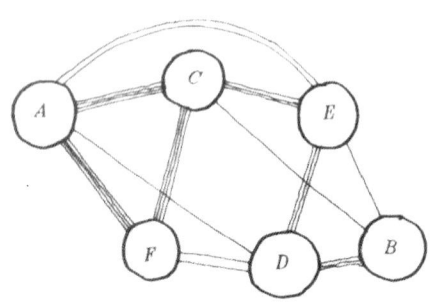

图2-15 加重连线表示较重要的关系

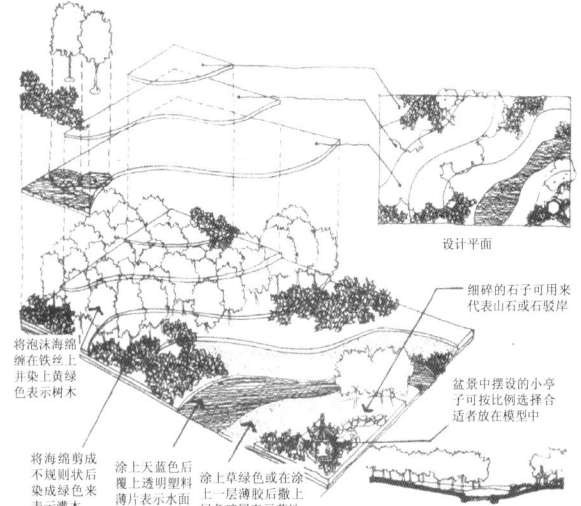

图2-13 分解图

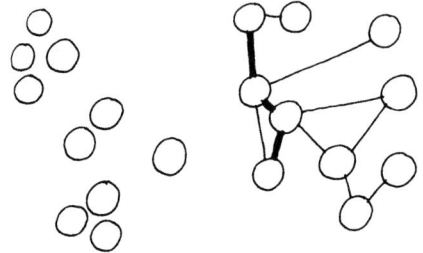

图2-14 气泡及连线

图2-16 增加线条数表示更重要的关系

分解图

分解图可以表现环境空间中各部分所处的位置，通过这个位置也能表现出各部分组合在一起后的空间效果。（图2-13）

2．分析图

关系分析

关系分析是一种简单、迅速地表达一个环境空间或设计程序的内在结构与联系的方法。关系分析可以帮助设计师从复杂的整体中发现某种关系并建立某种设计理念。

关系分析中最常用的是气泡图，简单地说，它是将气泡状图形用直线连接而成的图（图2-14）。气泡代表着所想要分析的主题，而连线则代表各主题间的联系和相互作用。在运用气泡图时，气泡会以不同的大小、色彩、形状等来代表一定的意义（同类型的元素会用形状、大小、色彩相同的气泡）。

气泡间连线的方式多种多样，主要根据要表达的事物关系而定。如点划线和虚线表示较微弱的关系，加重连线或双划线表示较重要的关系。（图2-15、图2-16）

气泡和连线的布局表达不同的逻辑关系，如成直线排

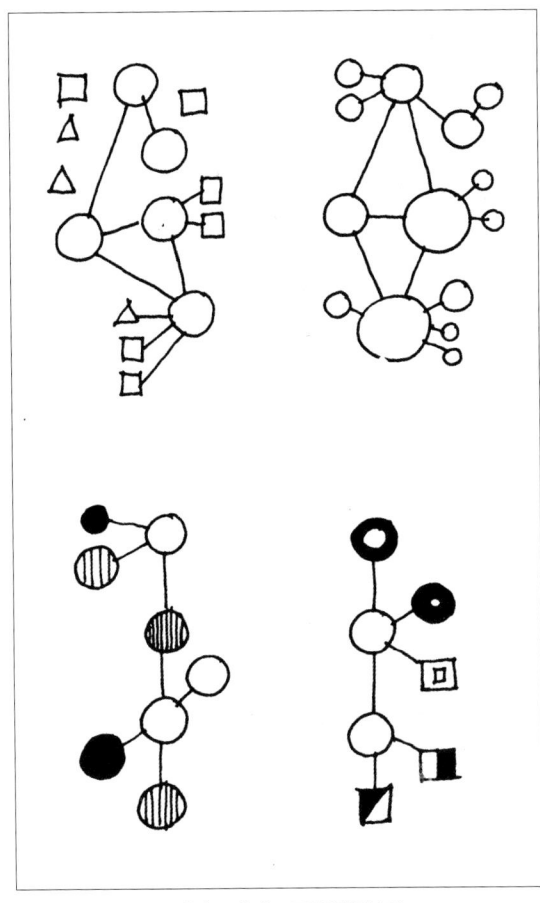

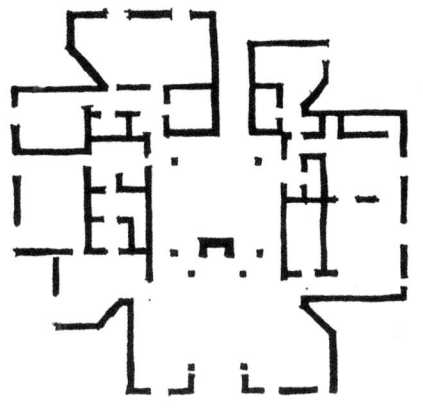

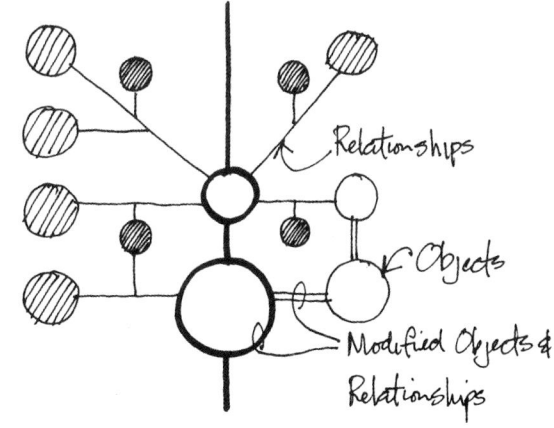

图2-17 气泡和连线的布局表达不同的逻辑关系

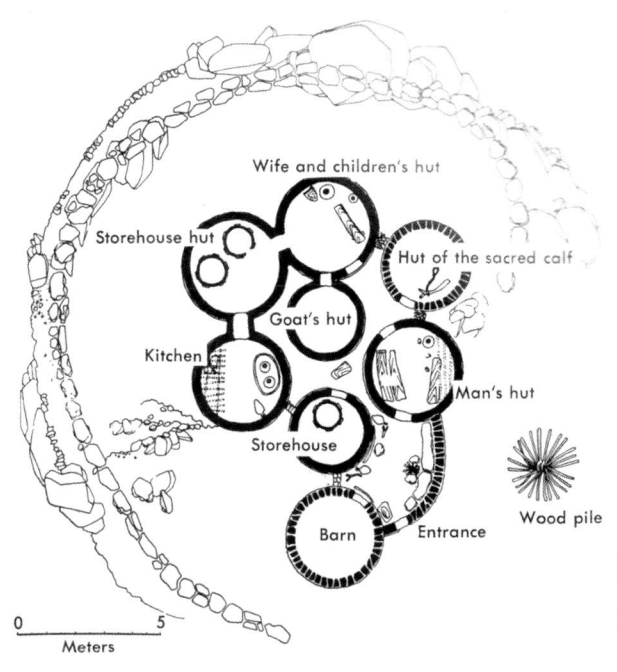

图2-18 利用气泡图表达住宅内部空间关系

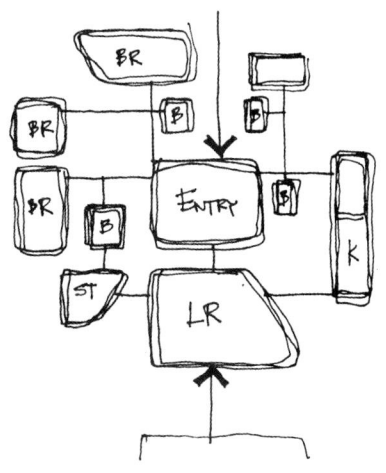

图2-19 同一个室内空间的两种关系分析画法

列表示序列及先后关系，成形状排列（多边形或圆形）表示各部分间具有相互交错的逻辑关系等。（图2-17～图2-19）

除了气泡图之外，还有其他用于分析的图，通常有面积图、方格图和网络图等。面积图用以表达各个部分面积的大小，一般用色块面积来表现区域面积的大小（图2-20）；方格图将设计思路以方格表的方式排列出来以备参考（图2-21）；网络图是用以表达序列的连线图（图2-22）。

结构分析

在设计和考察过程中，常常需要理解所观察对象的各种内在结构。表达这种结构的方法，最常用的就是抽象出对象的内在几何结构（图2-23）。在抽象出所观察对象的几何结构时，要仔细观察景物各个部分的形态关系及尺度关系（图2-24）。

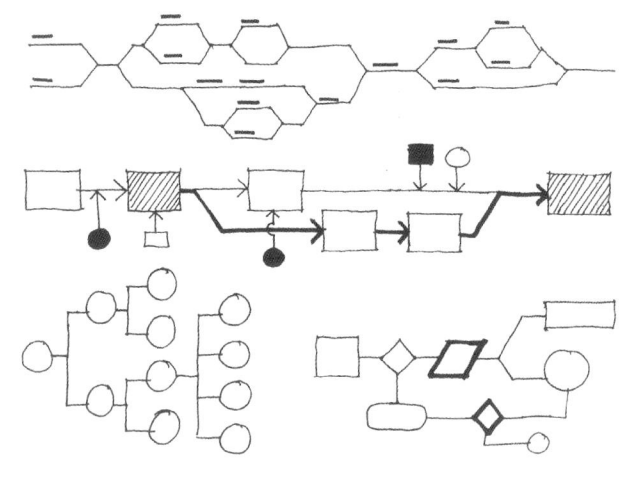

图2-22 网络图

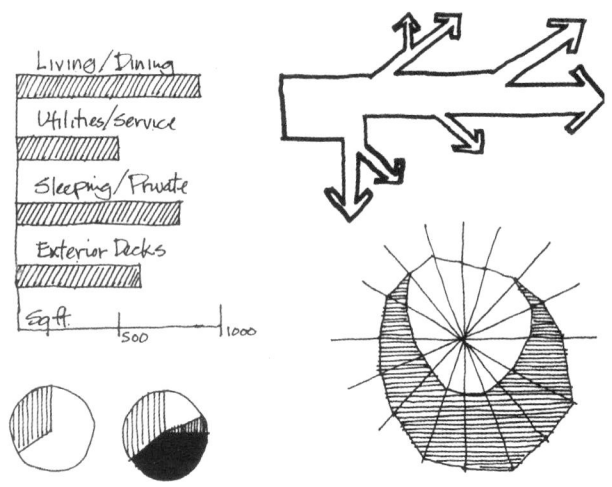

图2-20 面积图用色块来表现区域大小

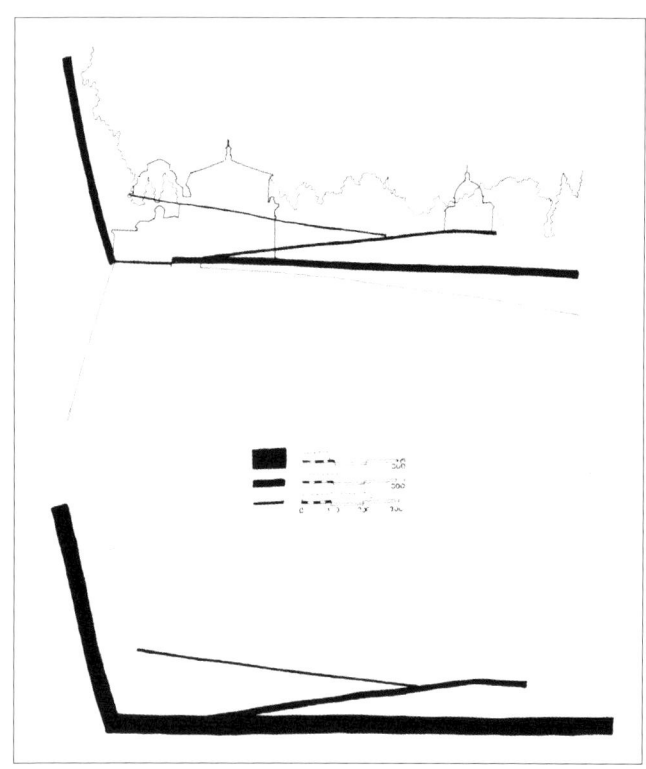

图2-23 风景的内在结构分析图

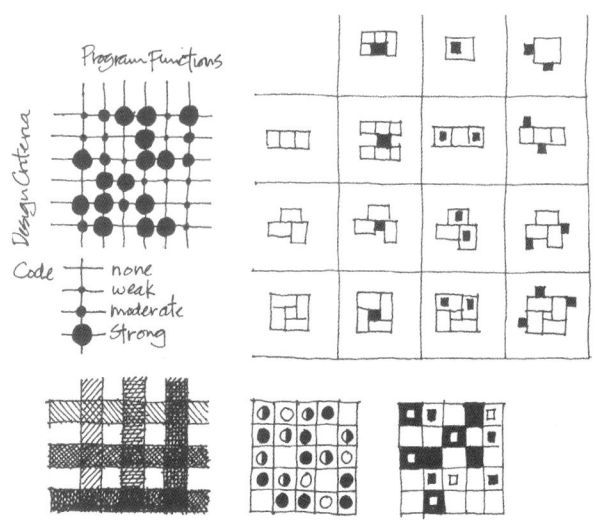

图2-21 方格图

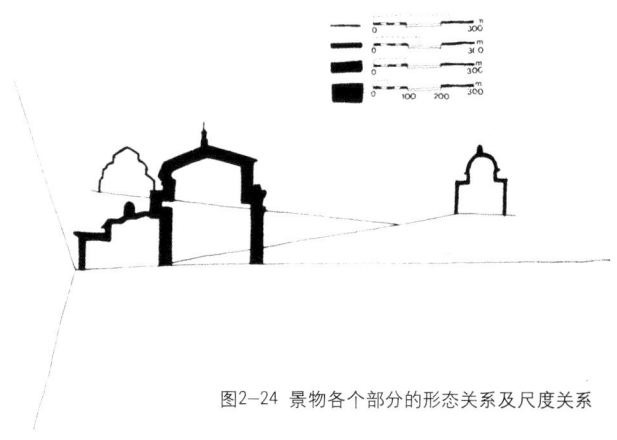

图2-24 景物各个部分的形态关系及尺度关系

图2-25 明暗色调表现出建筑的装饰元素

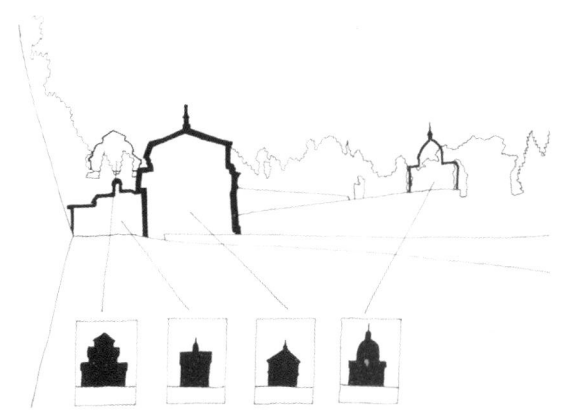

图2-27 同一场景中不同建筑的轮廓分析

图2-26 通常一幅明暗分析图的明暗层次不应多出五个

明暗分析

运用明暗色调能够很好地传达环境的空间特性,同时还能清楚地表现建筑物中元素的图形(图2-25)。一般来说,一幅明暗分析图的明暗层次不应多出五个,制作时,通常先画出最亮与最暗的色调,然后再加入其余的层次(图2-26)。

轮廓分析

轮廓分析可以让设计师去仔细观察或理解环境空间的不同部分,即形状、大小、比例和位置等。(图2-27)

在同一个方案或案例中,设计师们常常会运用相同的尺度和形式来处理空间,这样会使环境空间产生统一感。通过轮廓分析和运用相似形态,方案的联系会更加清晰。

3. 符号图

符号是帮助人们进行思考、交流和表达的一种重要语言。在生活中，符号表达直接快速，有时远远超出文字语言，如交通标志（图2-28）等。

设计活动中，符号能够以简练的形式快速地传达出设计思维，因此，设计师应该熟练地掌握和运用特定的符号语言。符号既可以是约定俗成的（如使用星号以引起注意），也可以是一种个人选择，一种个性化的代码。设计表达中有一些常用的符号（图2-29），如画圈可以强调重要的元素，画箭头可以指向重要的观点等。

在设计中，符号的运用是多种多样的。（图2-30、图2-31）

（二）概念图解和设计草图

通常，概念图解在前期搜集和分析基础信息、材料以及创造设计形体时会用到，设计草图在后期会用得多一些，但在实际操作过程中，概念图解和设计草图不是分阶段性的。设计师在进行创造性的思维的时候，思维呈跳跃式的发展，概念图解和草图相互配合，帮助设计师表达思维并促进方案的演进。

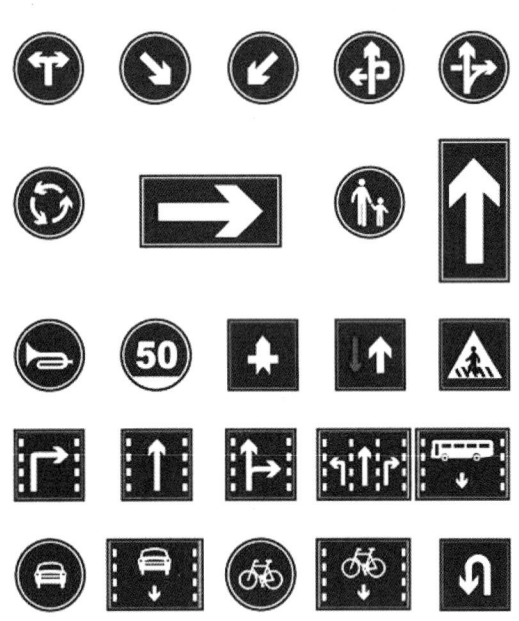

图2-28 交通标志

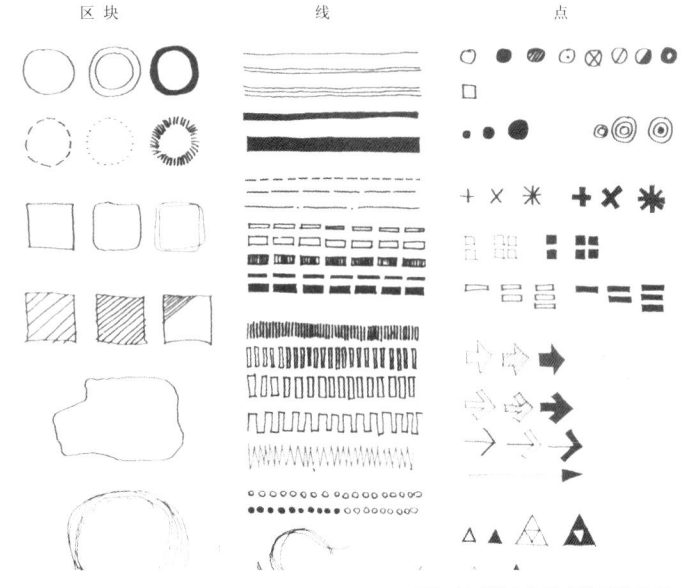

图2-29 设计表达中常用的符号

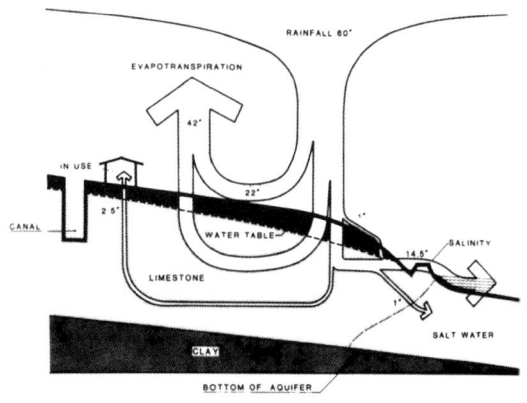

图2-30 设计中符号的运用——循环利用分析

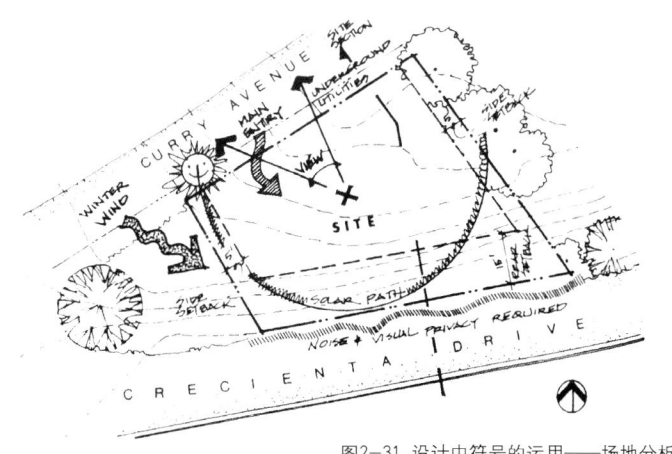

图2-31 设计中符号的运用——场地分析

1. 概念图解

概念图解的特点：一般用分析图解和符号图的方式表达（具体做法参见前面分析图和符号图），用于分析和理清设计思路，帮助设计师表达设计的意图及理念。它是用以表现、交流、传递设计构思的符号载体，具有自由、快速、概括、简练的特点。（图2-32、图2-33）

概念图解的应用：收集与设计问题有关的各种资料和信息（场地考察、相关信息调研）；分析所收集的资料和信息，了解设计问题的关键（关系、层次、需要），为下一步设计提供依据；分析方案，解释方案，帮助设计者理清设计构思。（图2-34、图2-35）

2. 设计草图

设计草图的特点：设计草图类似于绘画速写，是直观地表现设计形体的方式。

设计思维表达的内容主要是表达设计过程中方案演进的思考，而不是最终的成果表现，而且在方案设计过程中常常需要的是快速的表达和交流，因此，设计思维表达主要是以草图的方式表达。（图2-36、图2-37）

设计师设计草图如同音乐家作曲，在大脑里构思的同时表现成画面或写成音符，是快速记录

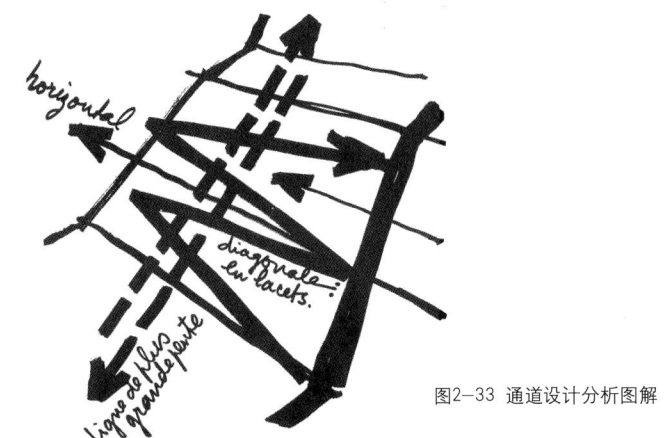

图2-33 通道设计分析图解

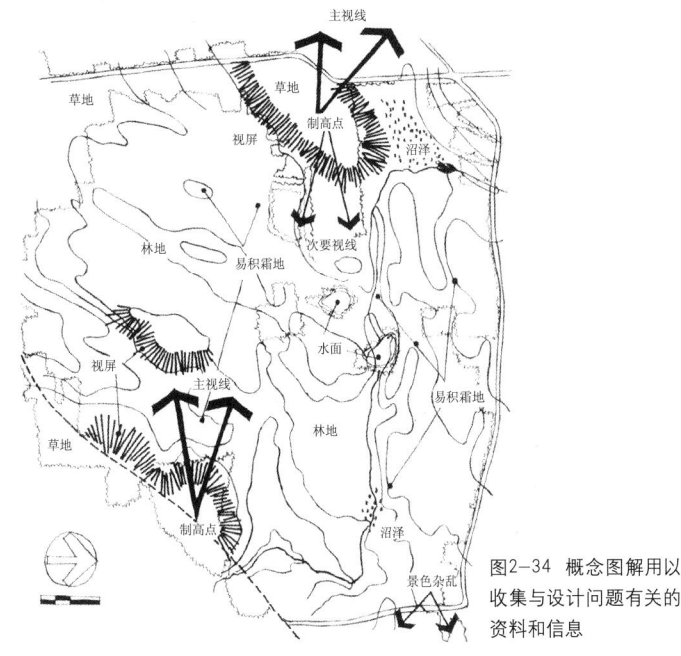

图2-34 概念图解用以收集与设计问题有关的资料和信息

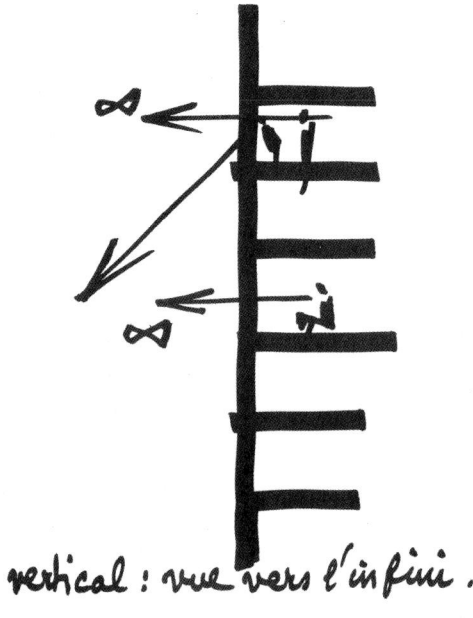

图2-32 建筑设计分析图解

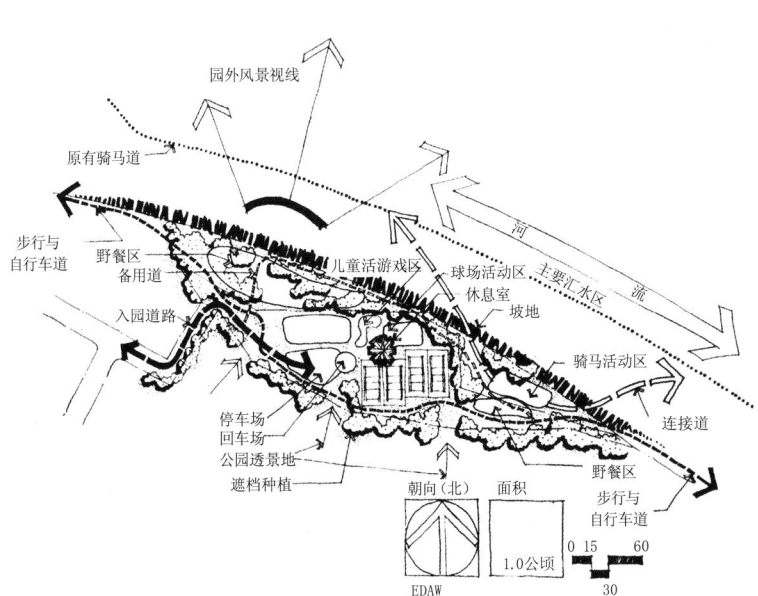

图2-35 概念图解用以分析所收集的资料和信息

的过程。这个过程不但体现了设计师的专业技术素养,而且体现了设计师的艺术功底。(图2-38、图2-39)

设计草图的应用:方案构思及形体推敲。

设计草图与最终的效果表现图是有区别的,最终的效果表现图大多着重于最终的设计构思方案,而设计师与甲方或同行的交流不仅仅是将结果告知甲方或同行,在方案的进行过程中,往往需要与甲方或同行进行阶段性的沟通。设计草图既能传达设计者相对完整的阶段性的构想,又能给设计者和甲方带来灵感,启发思维,推进方案的进展。(图2-40、图2-41)

设计草图是为了快速捕捉大脑瞬间的灵感,因而一个好的创意或点子相对于绘图的精确性来说更为重要。(图2-42~图2-45)

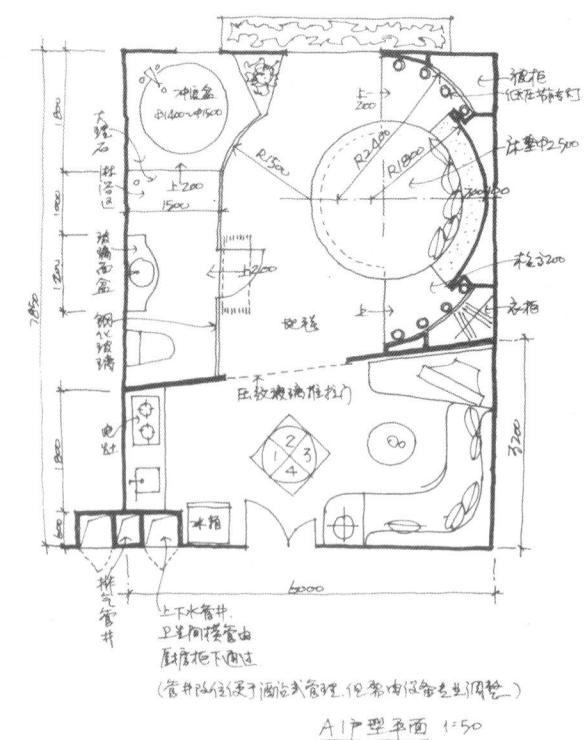

图2-36 室内设计的方案草图

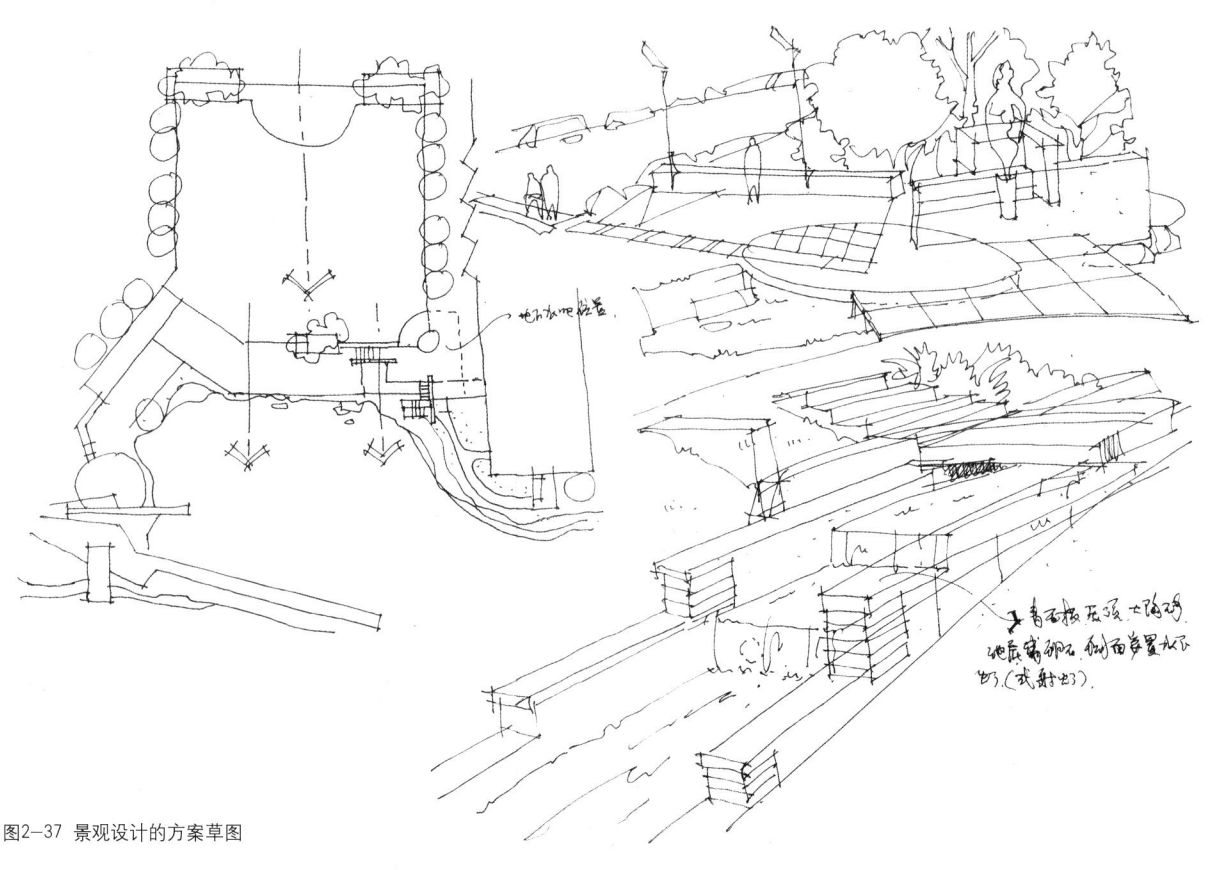

图2-37 景观设计的方案草图

图2-38 理查德·罗杰斯的方案草图

图2-39 理查德·罗杰斯的方案草图

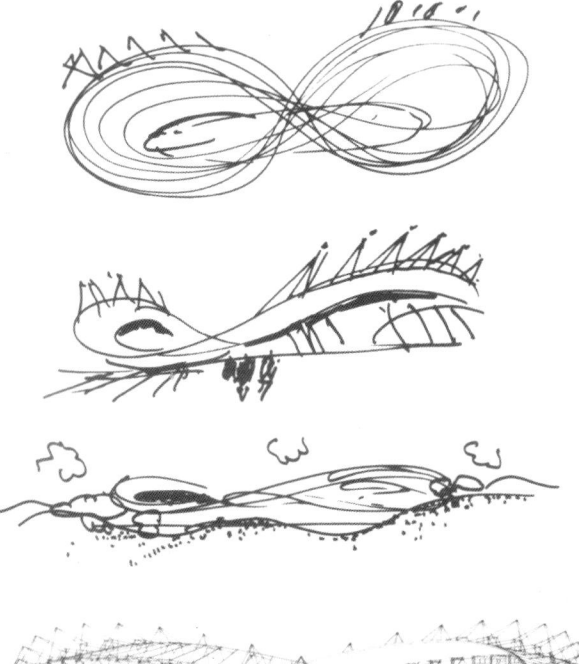

图2-40 悉尼足球场方案草图的演进

图2-41 希斯罗机场方案草图

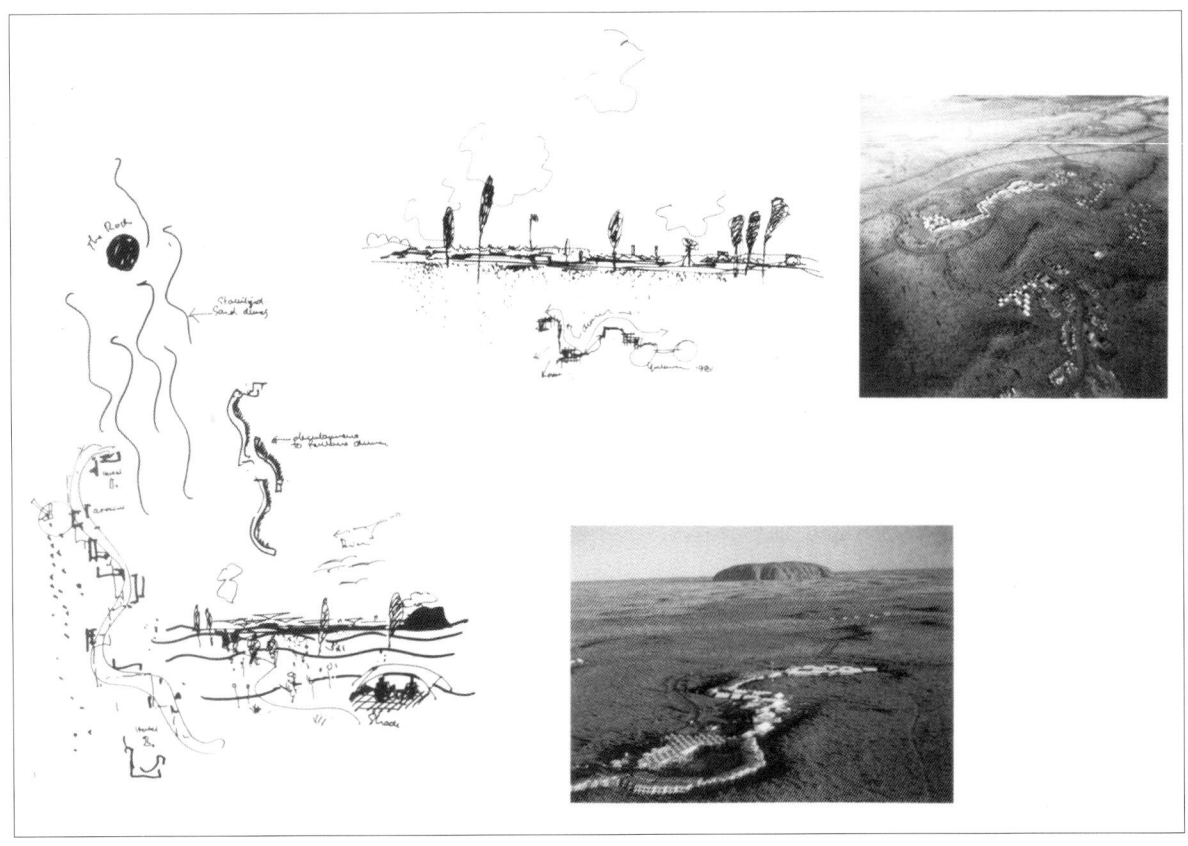

图2-42 Yulara度假村场地规划草图

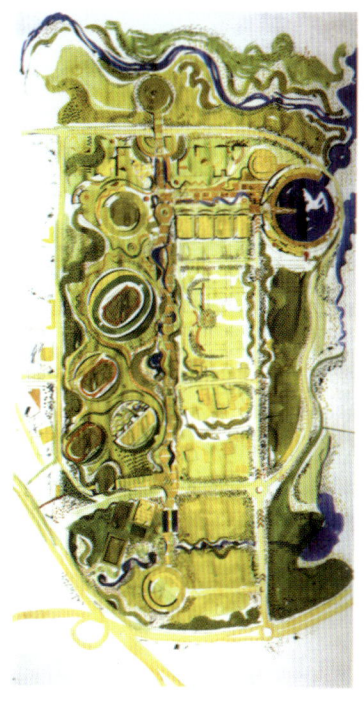
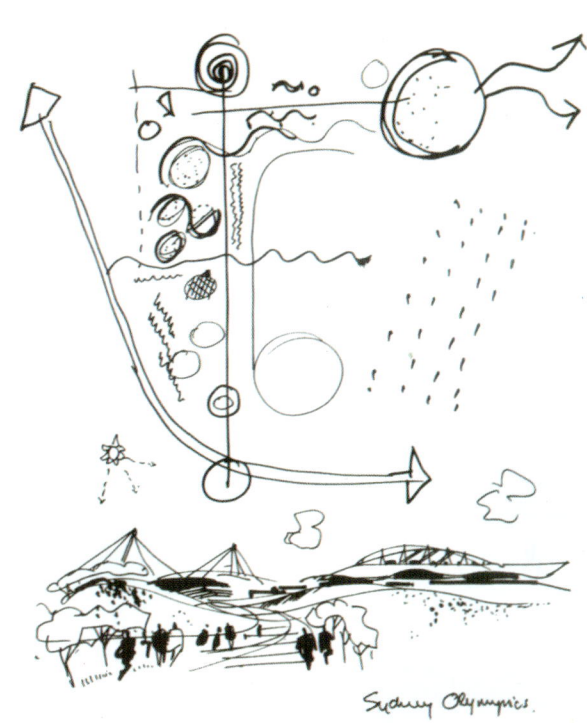

图2-43 菲利普·考克斯的悉尼奥运会场地规划草图

图2-44 阿尔多·罗西的威尼斯剧院设计草图

/全国高等院校环境艺术设计专业规划教材/

图2-45 弗兰克·盖里的建筑设计构思草图

第二节 模型类表达

一、特点与作用

(一) 特点

模型类表达的特点就是直观，尤其在涉及三维空间的设计时，模型的直观作用就显得非常重要。(图2-46、图2-47)

相对来说，模型类表达由于制作时间及材料的限制会比图形类表达稍慢，但在方案设计过程中，模型的直观效果往往给设计者带来更全面的思考。模型类表达通常被认为是方案构思形成后的一个结果的展示。实际上，娴熟的设计师非常善于利用模型类与图形类表达相结合的方式推敲方案。(图2-48、图2-49)

图2-46 模型具有更为直观的作用

20

（二）作用

1. 启发空间思考

模型之所以会成为设计思维表达的重要类型，是因为在设计过程中，除了需要用图形的方式快速表达外，往往还需要一种更为直观的方式来帮助设计者进行三维空间的思考，概念模型或草模是设计阶段常用的方式。三维模型的直观化表现是最容易发现设计问题的，在构思设计的每一阶段中它都对开拓设计思维、提高设计知识水平、变换设计手法起着积极的作用，这对锻炼设计师发现问题、解决问题的能力和培养其敏锐的设计思路有着直接的帮助。

另外，运用模型进行方案推敲的过程中可以培养设计者的创作能力、动手制作能力及空间想象力。通过模型类表达，设计者可以突破二维平面表现手法的局限，在三维空间造型上对设计

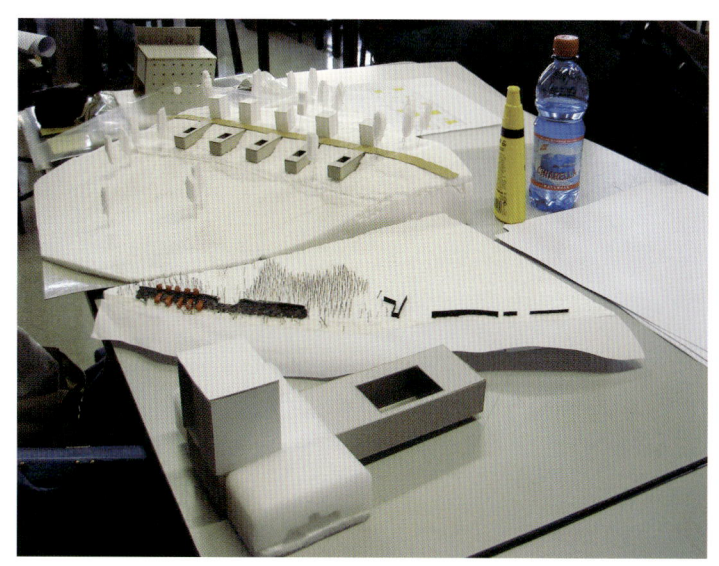

图2-49 从场地到建筑单体的模型推敲

图2-47 模型具有更为直观的作用

图2-50 在三维空间中推敲光影变化

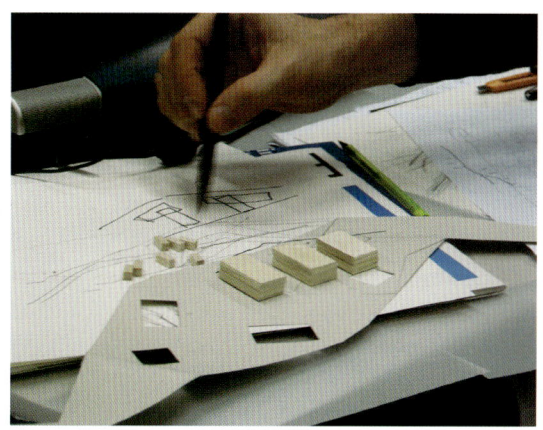

图2-48 娴熟的设计师善于利用模型类与图形类表达相结合的方式推敲方案

图2-51 在三维空间中推敲布局变化

/全国高等院校环境艺术设计专业规划教材/

图2-52 在三维空间中推敲形体变化

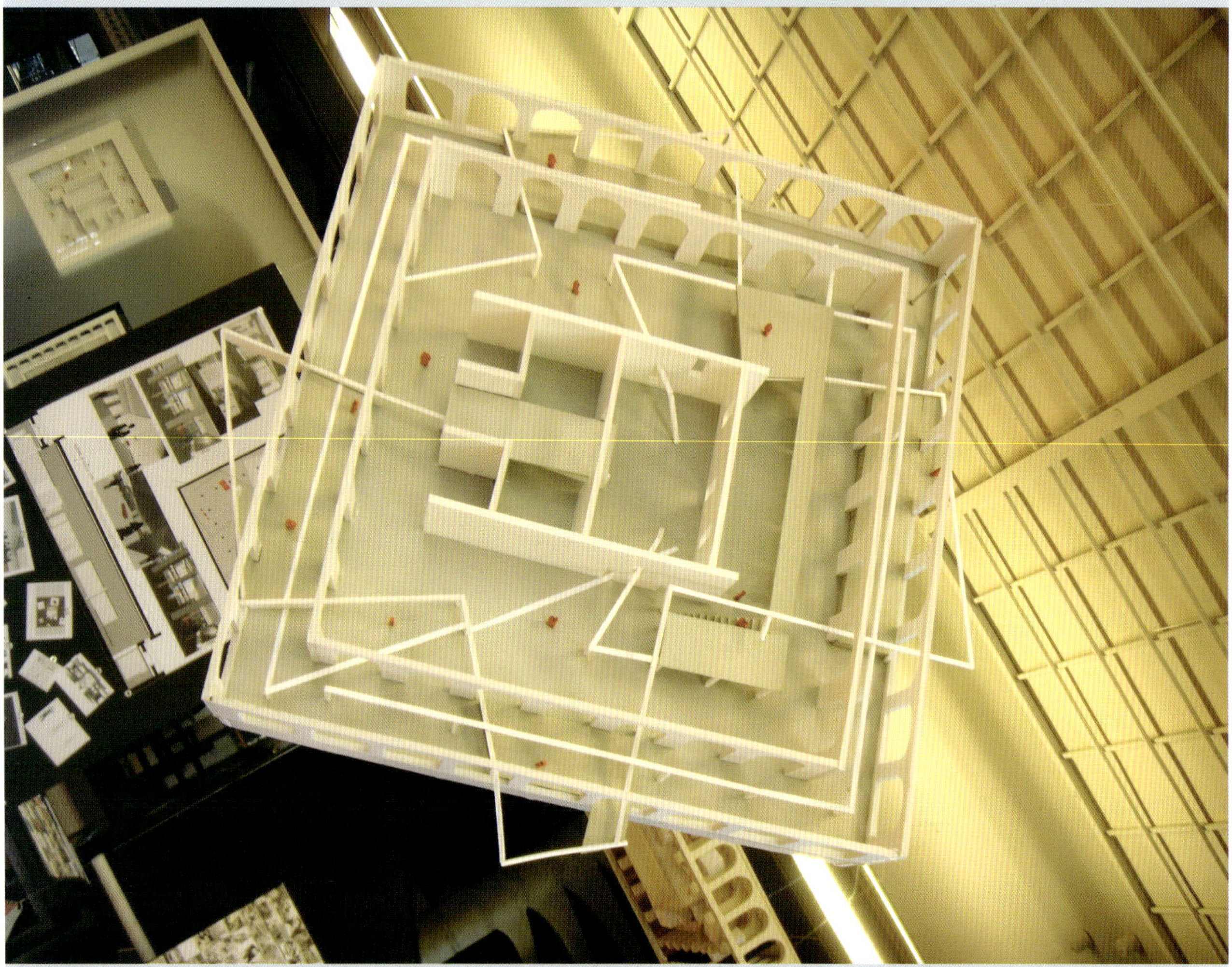

图2-53 在三维空间中推敲空间布局

/全国高等院校环境艺术设计专业规划教材/

进行推敲、修正，体会设计的光影、结构布局、形体、构成等，进而对方案进行细部推敲、分析，完善设计构思。（图2-50～图2-53）

2. 完善设计细节

设计师通过设计制作模型，凭借技术知识、经验及视觉感受对影响设计的各个方面如材料、结构、构造、形态、色彩、表面加工、装饰等进行推敲、调整，从而可以充分调动综合设计的潜能来优化设计方案，更好地完善设计之初的创意灵感。（图2-54～图2-57）

3. 评价设计优劣

优秀的设计师必须具有制作模型和通过模型进行判断、评价设计效果的能力。

在具体的设计过程中，设计师遇到的最大困难就是如何将设计创意转化为作品。造成这种结果的原因是多方面的，但也不能不说是因为在设计推敲与评估的过程中细化工作做得不够。模型是三维"现实"模拟的重要辅助手段，是设计者不可或缺的方案手段，对于委托方和决策人来说也是一种理解的辅助方法。一个仅在二维平面上推敲的造型，其实质内容和解决策略也将停留在浅显的、平面的状态中。

模型制作的目的就是要设计师在制作模型的具体实践中体验设计、发现问题并及时改进，使设计方案趋于合理完善。

4. 直观展示

一些工程项目的设计竞赛或投标中，为使设计方案能生动直观地展现出来，让人一目了然，就需要用模型的手段来做确定性的表达。模型是设计师与业主之间进行交流的重要工具之

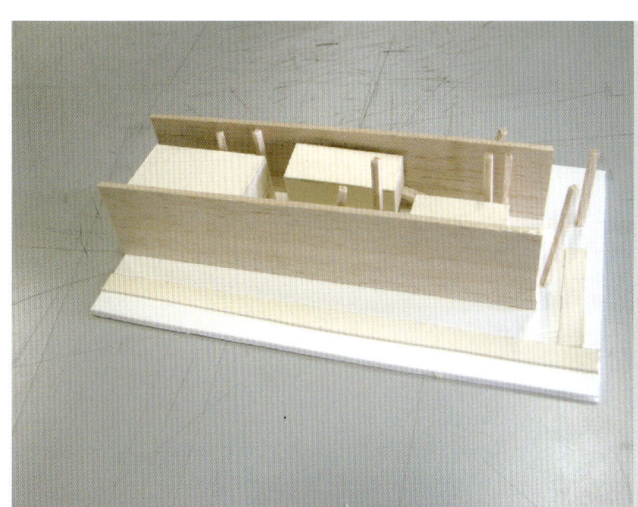

图2-54 通过模型优化方案-1

图2-55 通过模型优化方案-2

图2-56 通过模型优化方案-3

图2-57 通过模型优化方案-4

/全国高等院校环境艺术设计专业规划教材/

图2-58 建筑设计方案模型

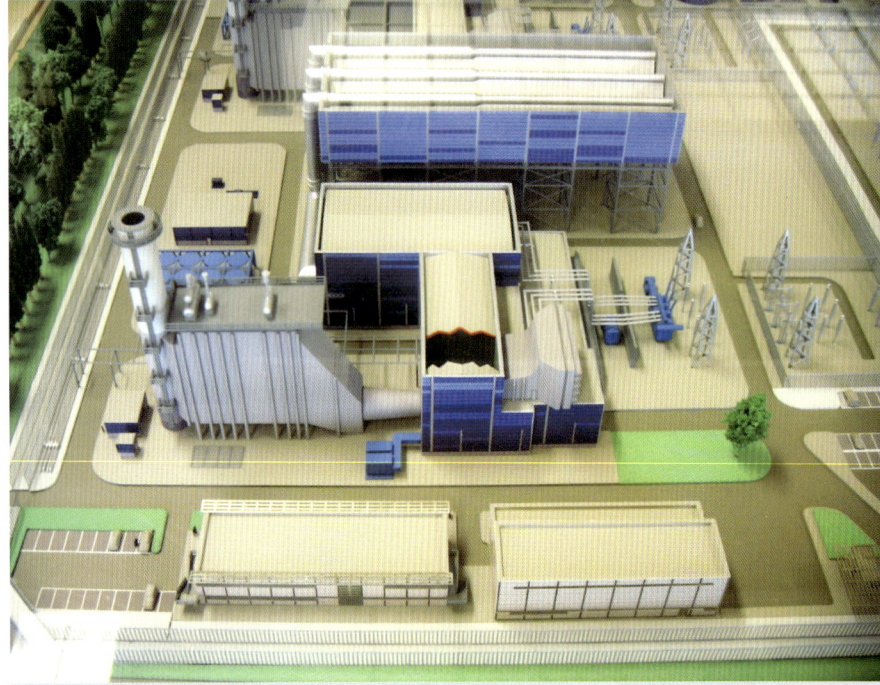

图2-59 工业建筑模型

一,它胜过全部的言语。模型上逼真的色彩、材料、环境氛围,以及建筑空间的比较和模型细部的装饰都为设计师提供了最有力的表现方法,从而对设计作品构成强有力的支持。(图2-58~图2-60)

二、模型类表达的种类

按制作的手段,模型类表达的种类有实体模型和虚拟模型之分;按模型的功能,模型类表达可分为环境模型、体量模型、构架模型等。

实体模型就是运用实际的材料制作的模型,是传统意义上的模型(图2-61、图2-62);虚拟模型是用计算机和三维软件制作的模型,但是同样可以达到直观的效果(图2-63~图2-67)。相比之下,实体模型可以看得见、摸得着,更贴近人的直观感受,而虚拟模型的制作更加方便、快捷。

24

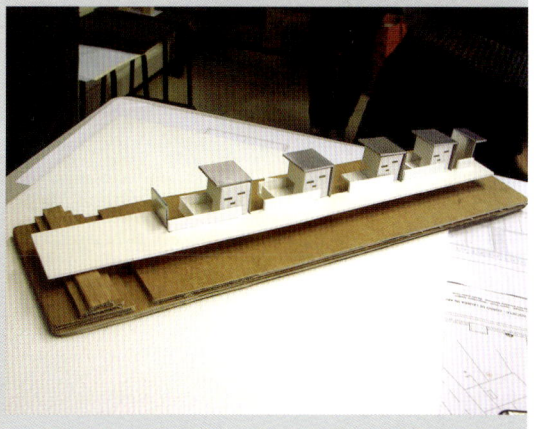

图2-60　米兰火车站建筑模型
图2-61　景观实体模型
图2-62　景观建筑实体模型

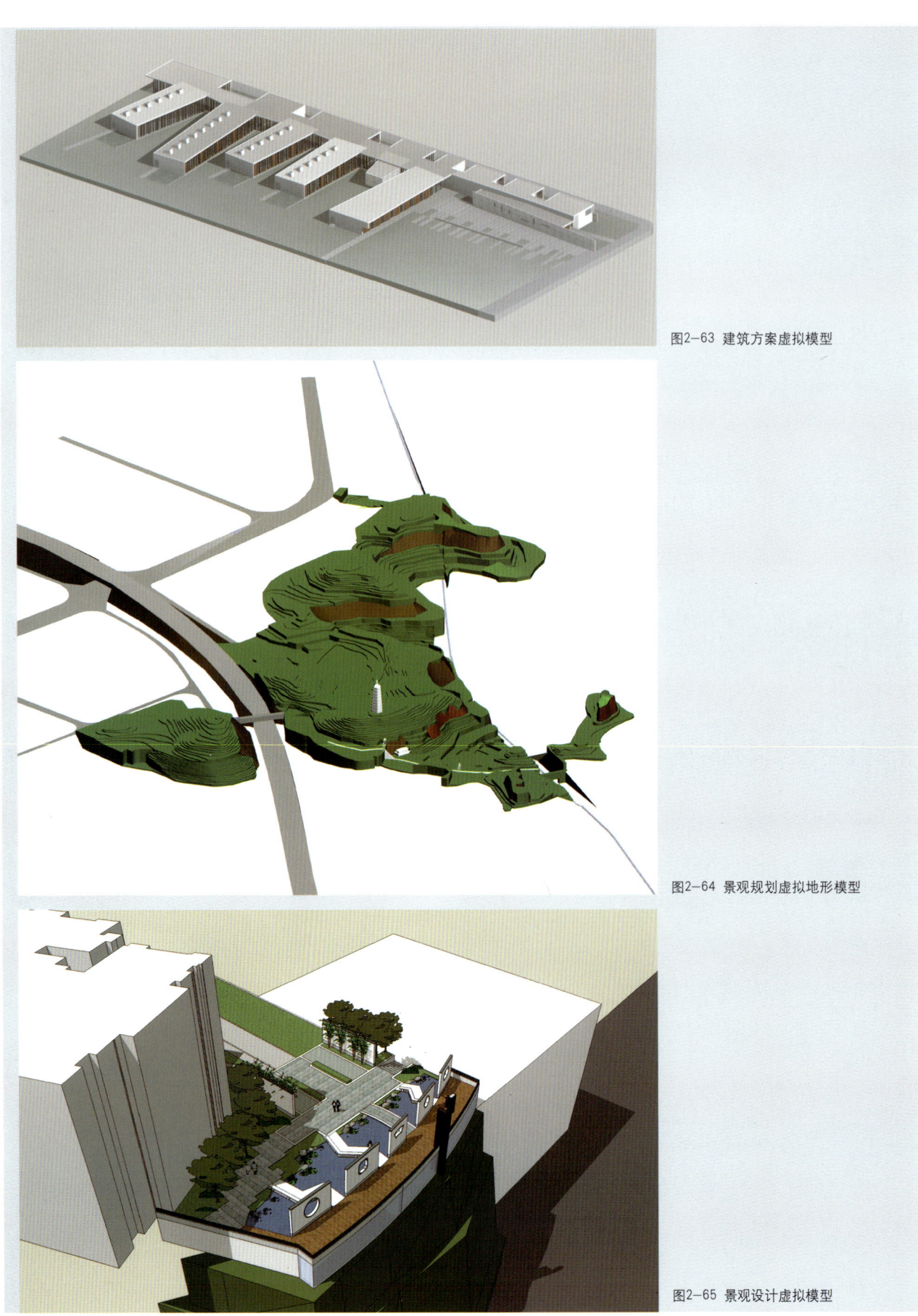

图2-63 建筑方案虚拟模型

图2-64 景观规划虚拟地形模型

图2-65 景观设计虚拟模型

设计思维表达

第二章 设计思维表达的基本类型与基础做法

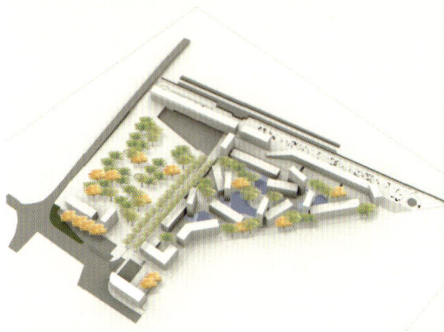

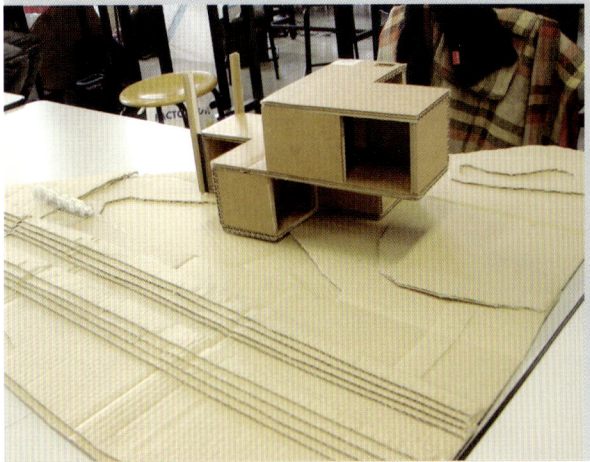

图2-66
图2-67
图2-68
图2-69
图2-70 图2-71

图2-66 广场景观设计虚拟模型
图2-67 住宅区景观方案虚拟模型
图2-68 利用地形模型来分析基地状况
图2-69 利用地形模型反映基地
图2-70 用体量模型来斟酌空间形体的比例、尺度关系
图2-71 用体量模型来斟酌空间形体的比例、尺度关系

27

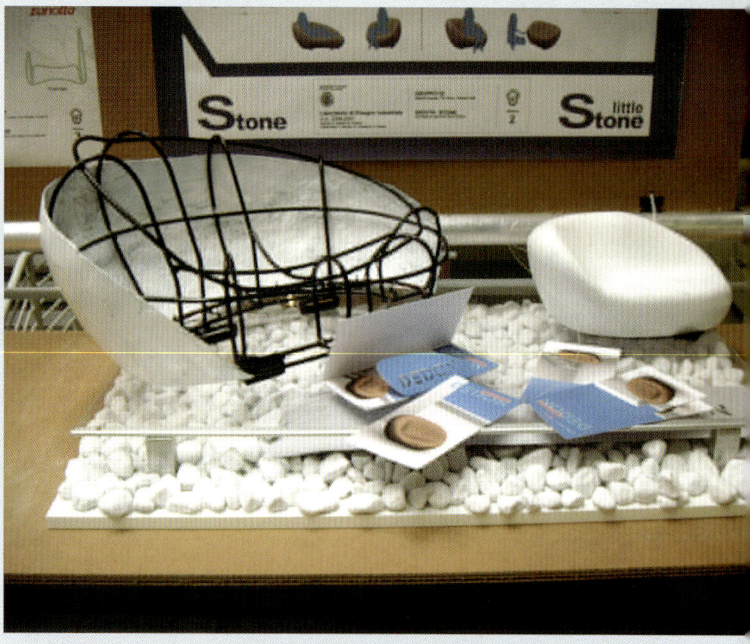

/全国高等院校环境艺术设计专业规划教材/

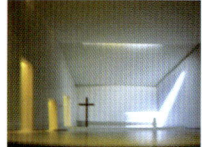  

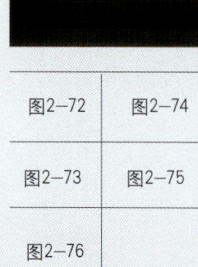

图2-72	图2-74
图2-73	图2-75
图2-76	

图2-72 用室内模型来推敲内部空间组织
图2-73 用室内模型来推敲内部光影变化
图2-74 用室内模型来推敲内部形体变化
图2-75 用框架模型来探讨建筑空间结构的合理性与可行性
图2-76 用构架模型来探讨结构形式的合理性与可行性

通常我们利用地形模型来分析基地状况（图2-68、图2-69）；用体量模型来斟酌空间形体的比例、尺度关系（图2-70、图2-71）；用室内模型来推敲内部空间组织（图2-72～图2-74）；用构架模型来探讨结构形式的合理性与可行性（图2-75～图2-77）。

三、实体模型制作的训练要点与方法

（一）训练要点

1. 选择适当的材料

选择适当的材料是模型类表达的重点，首先应该按照设计理念选择最适宜表达该方案的材料。其次应该熟练掌握几种常用材料，如卡纸、吹塑板、泡沫塑料、雕塑油泥等，就像掌握画笔一样，能够在推敲方案时达到随心所欲的程度（图2-78、图2-79）。另外，为了便捷地推敲方案，可以就地取材，虽然不免简陋，但是有时会达到意想不到的效果（图2-80～图2-82）。

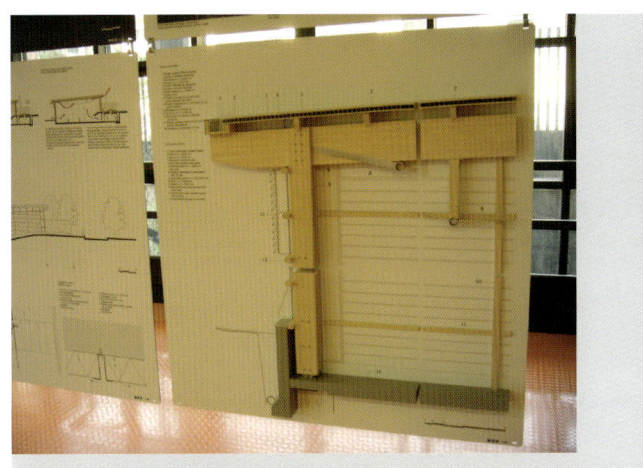

图2-77 用结构模型来探讨结构形式的合理性与可行性

图2-78 用泡沫塑料推敲自由形态的座椅

图2-79 用油泥推敲景观建筑方案

2. 强调内容不追求精美

一般来说，设计思维表达过程中的模型主要是"工作模型"或"概念模型"，因而它注重表现设计内容，一般相对简单，而不强调制作材料和制作技巧，具有易加工、成本低、时间短的特点，以能够反映问题和说明重点问题为目的。

（二）工具材料

在设计思维表达阶段，制作模型的工具材料并不一定需要像制作最终的表现模型那样专业。不过，我们可以对一般的制作工具和材料进行大致的了解。

1. 工具

常用的工具包括测绘工具、剪裁切割工具、打磨喷绘工具、其他工具等。

2. 材料

模型材料常用的有木质类材料、纸类材料、吹塑类材料。一些新材料也逐渐用于模型制作，如超薄有机板、金属板、ABS板、仿真草皮等。

在设计思维表达阶段，模型的制作应该选择简单、可操作性强的材料，在制作方法上追求灵活简便，并随时能进行增减修改。（图2-83、图2-84）

下面是一例利用图形和模型手段进行设计思考的实例，包括从方案构思到设计成果的过程。（图2-85～图2-111）

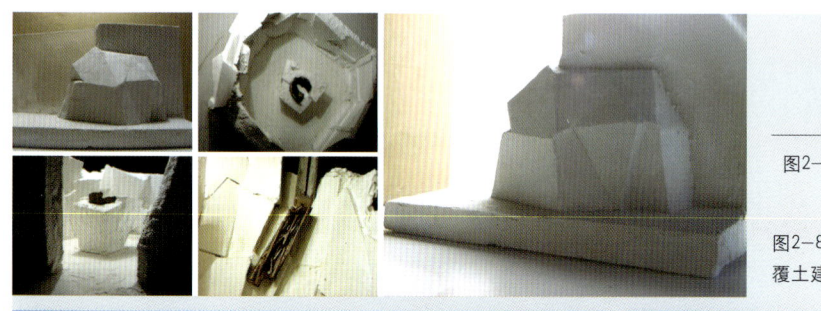
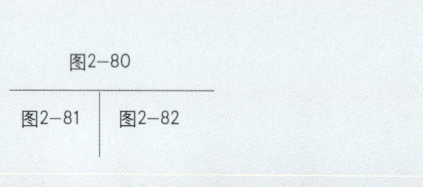

图2-80～图2-82 用泥土和石膏推敲覆土建筑及景观方案

设计思维表达

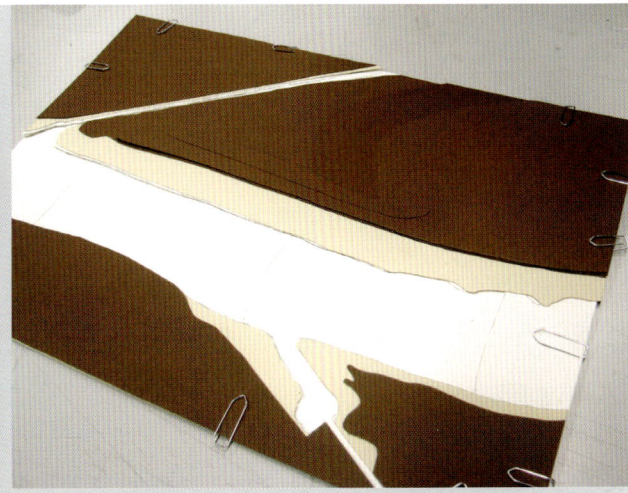

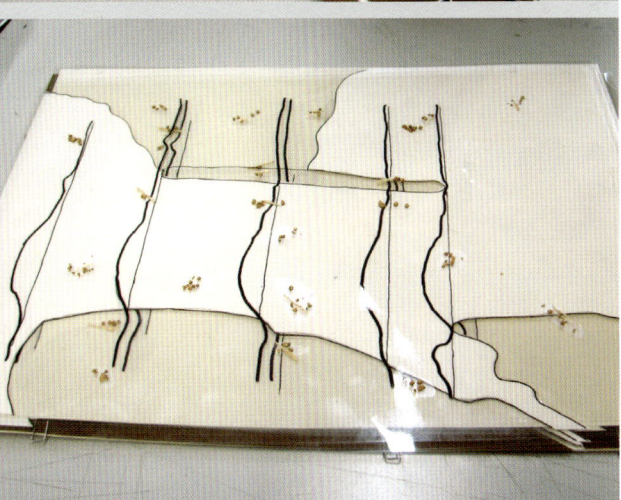

图2-83	图2-85	图2-83 用油泥做模型
图2-84	图2-86	图2-84 用泡沫塑料做模型
	图2-87	

/全国高等院校环境艺术设计专业规划教材/

图2-88

图2-89

图2-90

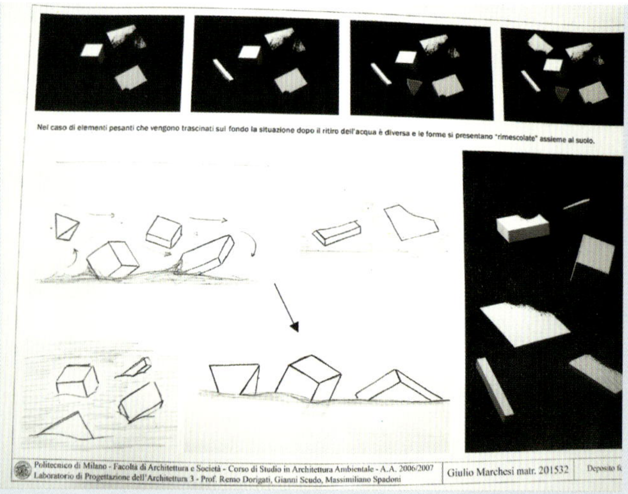

图2-91

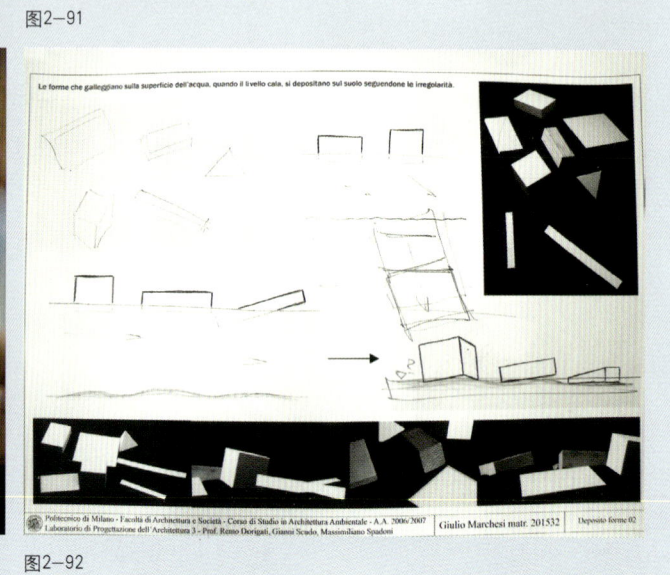

图2-92

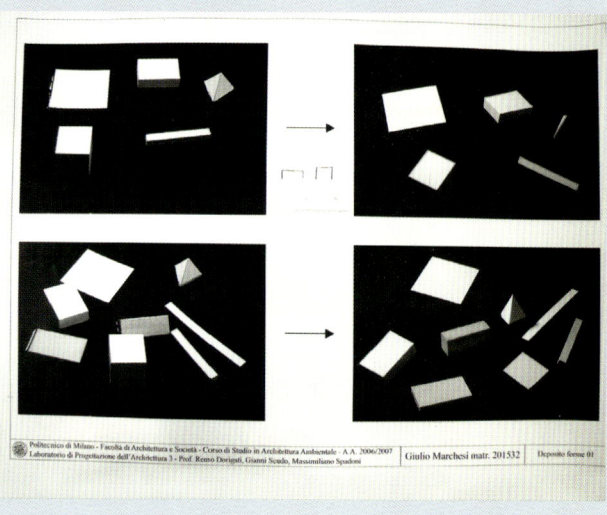

图2-93

设计思维表达

第二章 设计思维表达的基本类型与基础做法

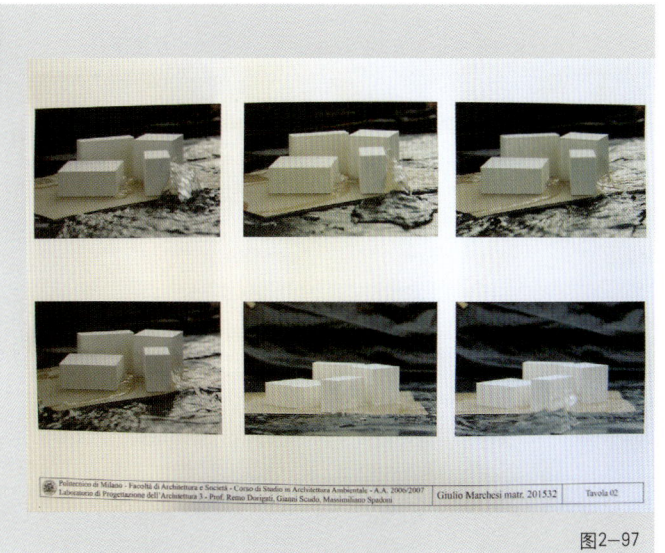

图2-94

图2-95

图2-96

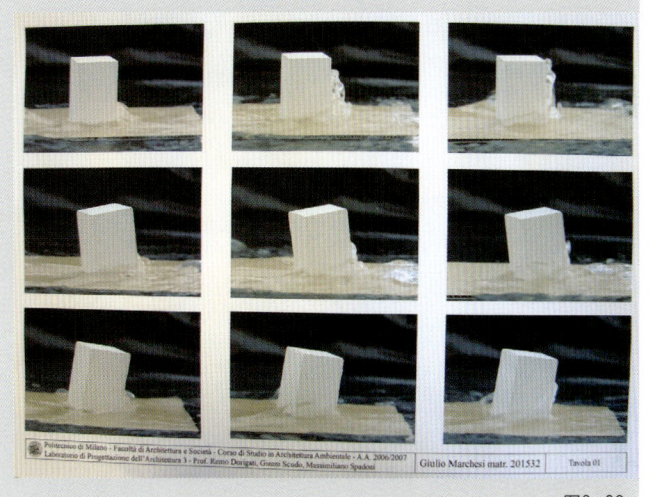

图2-97

图2-98

图2-99

33

/全国高等院校环境艺术设计专业规划教材/

图2-100

图2-101

图2-102

图2-103

图2-104

图2-105

设计思维表达

第二章 设计思维表达的基本类型与基础做法

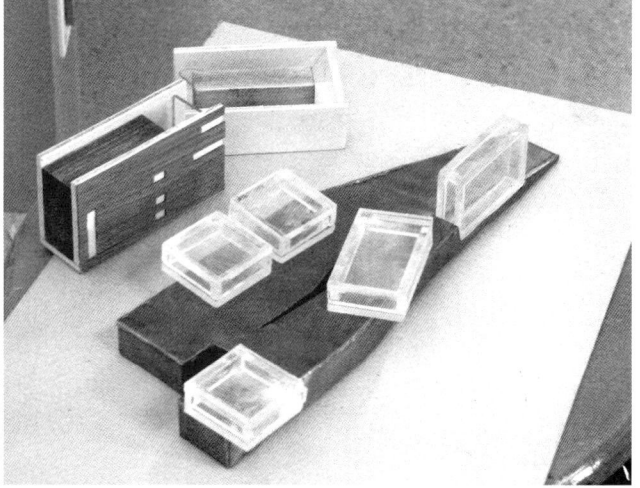

图2-106	图2-107
图2-108	图2-110
图2-109	图2-111

图2-85~图2-111
从方案构思到设计成果的过程

35

第三章 设计思维表达的应用

第一节 观察记录

一、设计思维表达在设计观察记录中的作用

通常,在开始一个设计项目之前,都会有一个针对设计对象的全面的观察过程。在环境艺术设计领域,通常包括现场考察、项目背景资料的阅读和相关信息的搜集等工作,大量的工作仅仅依靠大脑的速记是远远不够的,还需要运用记录的技能。

当代环境艺术设计越来越不是一项个人劳动,设计项目的前期考察也不仅仅是给个人做的笔记,而是要通过专业的记录方式给全体设计人员提供一个可以帮助下一步设计的依据。

此外,作为一名设计者,考察优秀的案例和设计作品后,通过做笔记的方式记下观察和体验的结果,这也是积累设计经验的重要手段。相机的产生大大提高了人们记录事物的效率,但是相机只能是一个表面的直接观察事物的工具,而做笔记的记录方式远远胜过照相机被动的、机械的记录方式,在记录过程中人的视觉器官积极主动地选择所摄入的对象。所以,事物的内在联系还是需要通过专业的记录语言来表达。

达·芬奇把他的见解和速写资料都保存在随身携带的笔记本中(图3-1)。实际上,在设计过程中,各种意念的产生并不是在工作台前完成的,在交谈中及走路、吃饭、睡觉时都可能有灵感闪现。这些意念稍纵即逝,一旦失去,也许会杳无踪影。所以,做记录的一个重大作用就是在你产生灵感的一瞬间把它迅速地记录下来。

二、内容

设计观察记录实际上包含了观察和记录两个过程。

设计观察能力是从事设计的工作者必须具备的能力之一。有人说，文学、绘画等创作者的敏锐的观察能力是与生俱来的。据研究，多数人的思维是由左脑控制的，因为左脑在符号化、概括化及合理化方面的能力很强，而右脑在空间感觉、细部观察和图形确认等方面能力很强。通过长期的观察、学习和训练，一个专业设计者的右脑将会得到锻炼和开发，对事物形体的敏感度也会加强。

设计记录与观察密不可分，记录事物的同时也反映了观察者的思维活动。另外，做笔记的潜在作用超过了记录本身。一个人的洞察力可以通过思考和观察得到加强，通常第二次观察一个物体时会产生新的思想或反馈出新的想法。

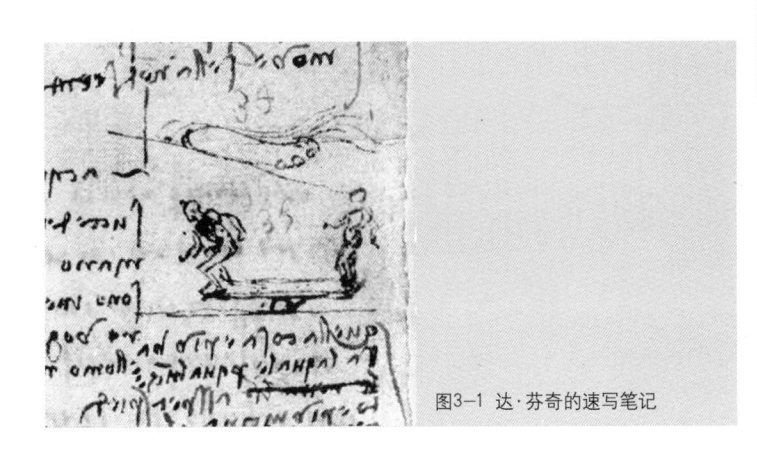

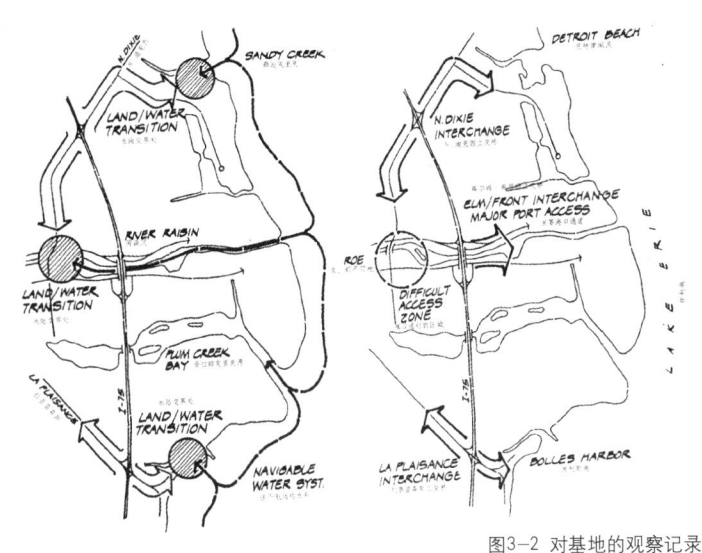

图3-1 达·芬奇的速写笔记

图3-2 对基地的观察记录

例1 对设计基地的观察记录（图3-2～图3-6）

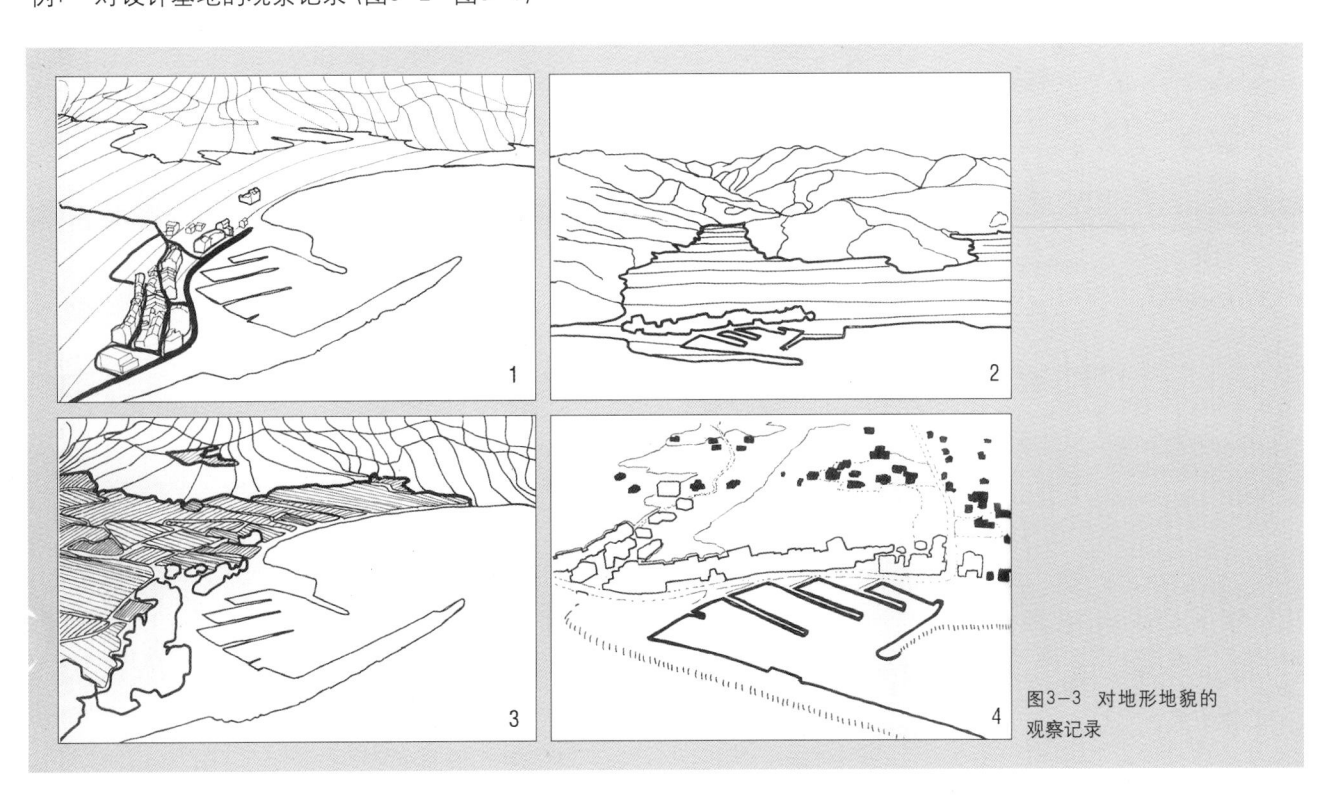

图3-3 对地形地貌的观察记录

图3-4 对基地视线的观察记录

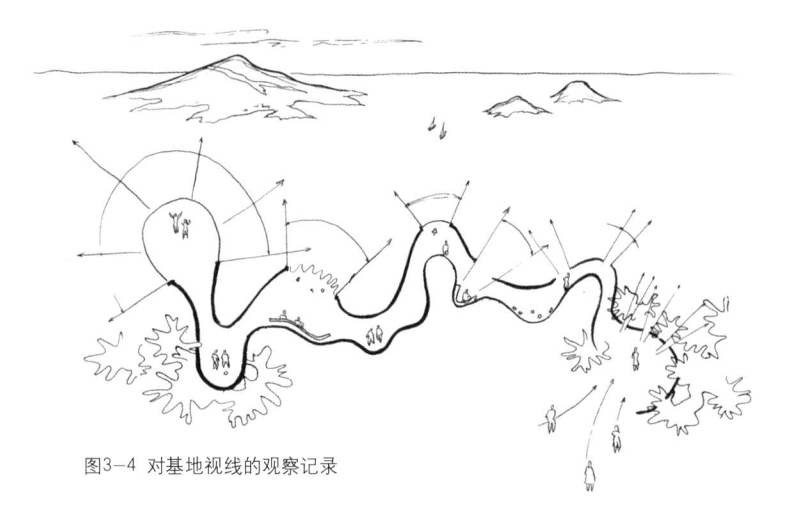

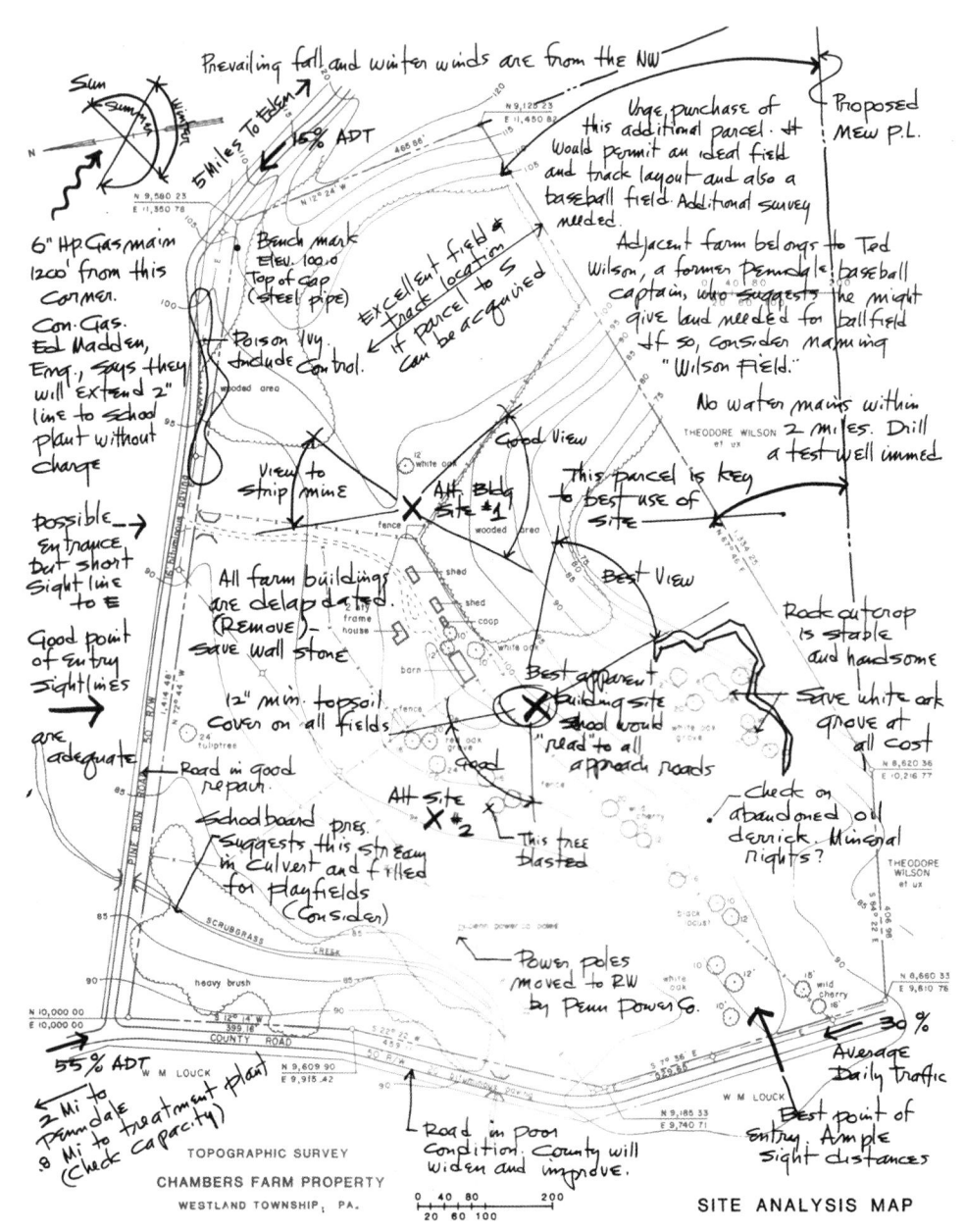

图3-5 对基地条件的观察记录

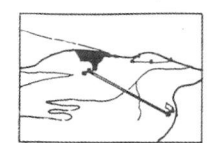

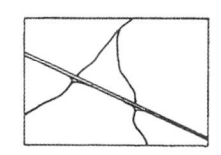

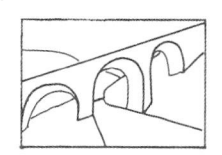

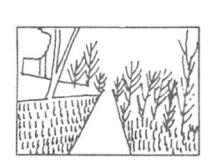

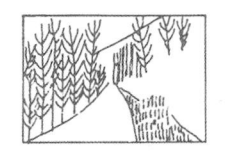

图3-6 对基地道路环境的观察记录

例2 对实际建筑场所的观察记录（图3-7～图3-11 四川美术学院 刘展 绘）

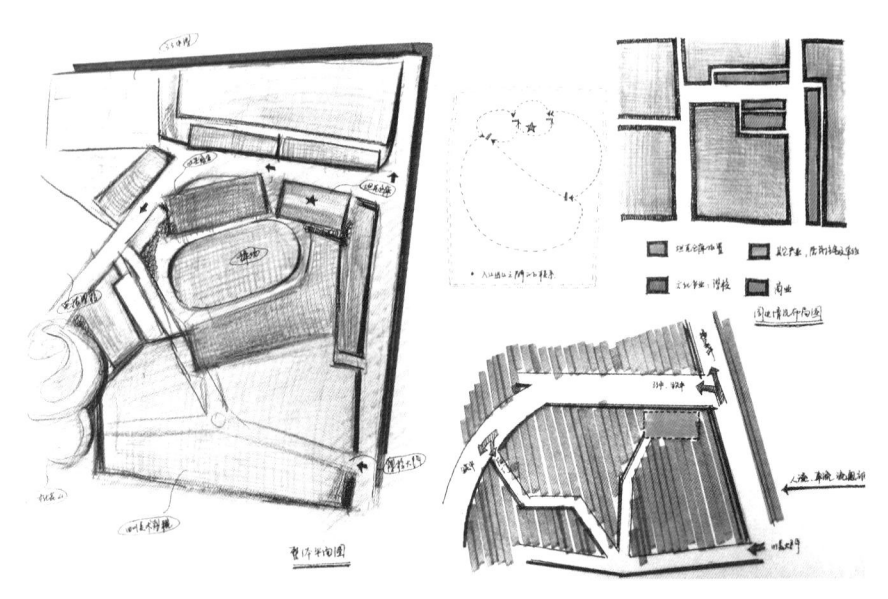

图3-7 对建筑基地的观察记录

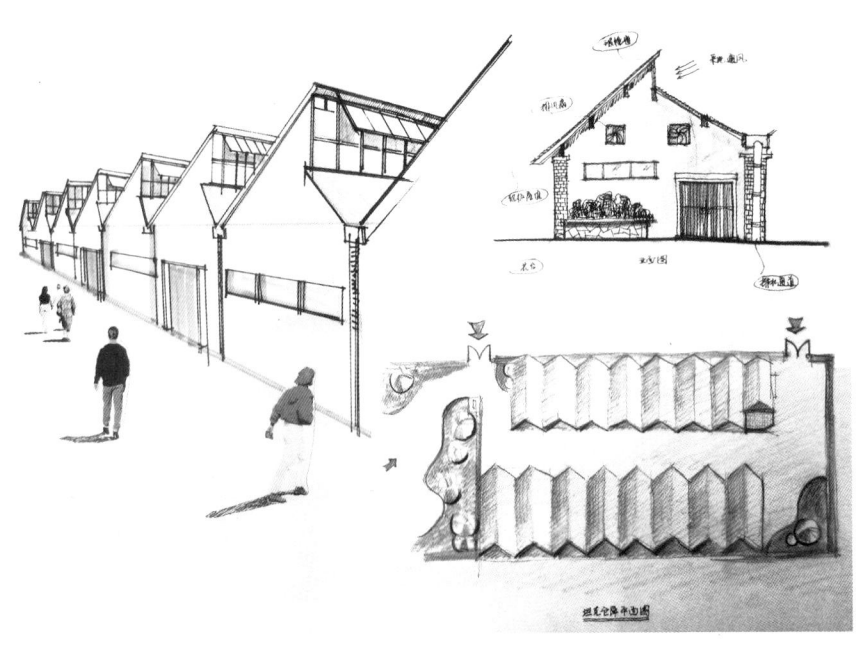

图3-8 对建筑外观的观察记录

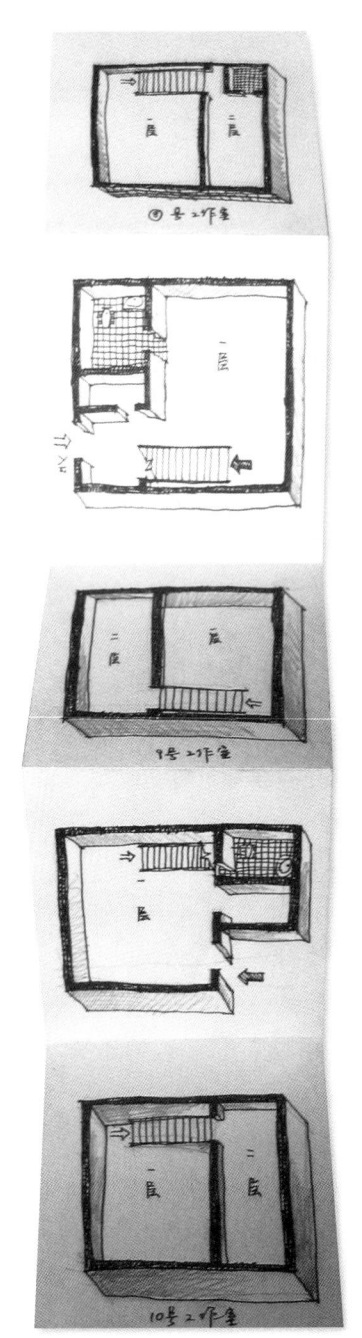

图3-9 对建筑室内空间布局的观察记录

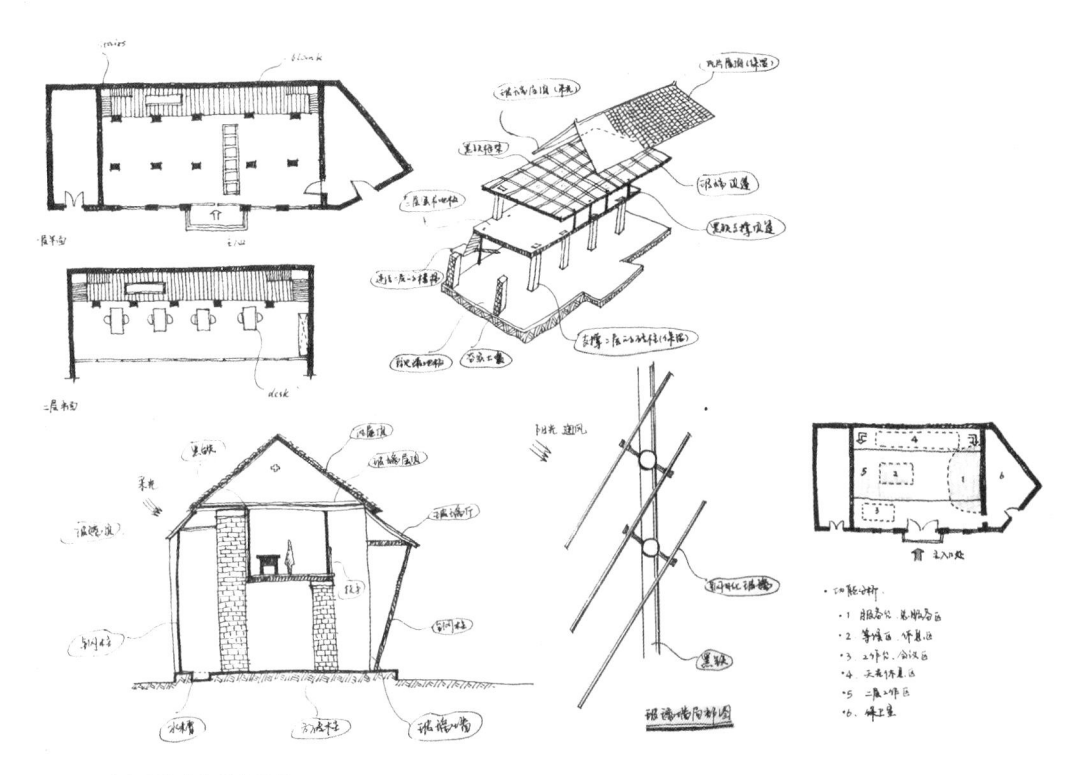

图3-10 对建筑构造的观察记录

图3-11 对建筑构造的观察记录

第二节 分析

一、设计思维表达在设计分析中的作用

(一) 发现问题

通常来说,环境艺术设计程序的第二步就是分析,即利用视觉语言表达研究所收集到的资料和信息,形成一系列对设计项目和设计目标的认识,从而为下一步设计提供依据。

(二) 审查原因

分析过程是一个新的发现过程。许多在第一步的观察记录中没有显现出来的关系和问题,通过分析可以逐渐凸现出来,如最初记录的光线变化,通过分析可能会发现光线变化的原因,从而对设计产生直接的指导作用。

(三) 掌握规律

在考察和学习优秀作品时应进行分析,因为机械地去照搬照抄,只能学到一点死知识,而经过分析与研究之后所积累的资料,则有可能转化为设计的知识,知识与技能之间有质的区别。对于成功作品的归纳分析能够让我们更快地掌握设计规律。通过做分析工作,设计师的手与脑都得到了系统的训练,而乐趣也在于边分析、边动手的过程之中。

二、内容

分析通常是紧跟观察记录的一个步骤,而在实际工作中通常一边观察记录,一边就产生了相应的分析。这些分析包括地形地貌分析(图3-12)、视线分析(图3-13)、空间功能结构分析(图3-14)、形态特征分析(图3-15)等。

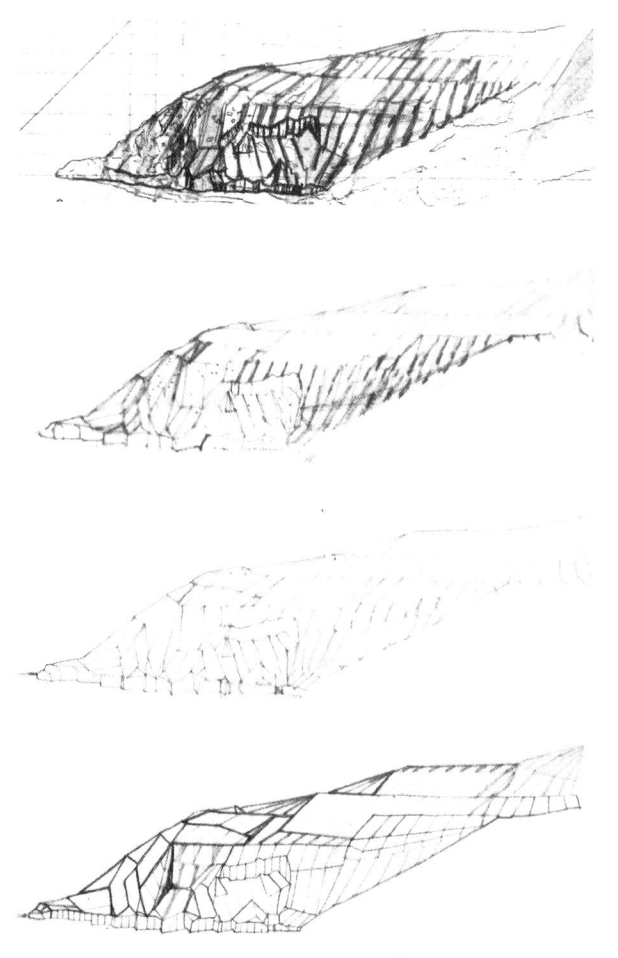

图3-12 对地形地貌的分析

图3-13 景观视线分析

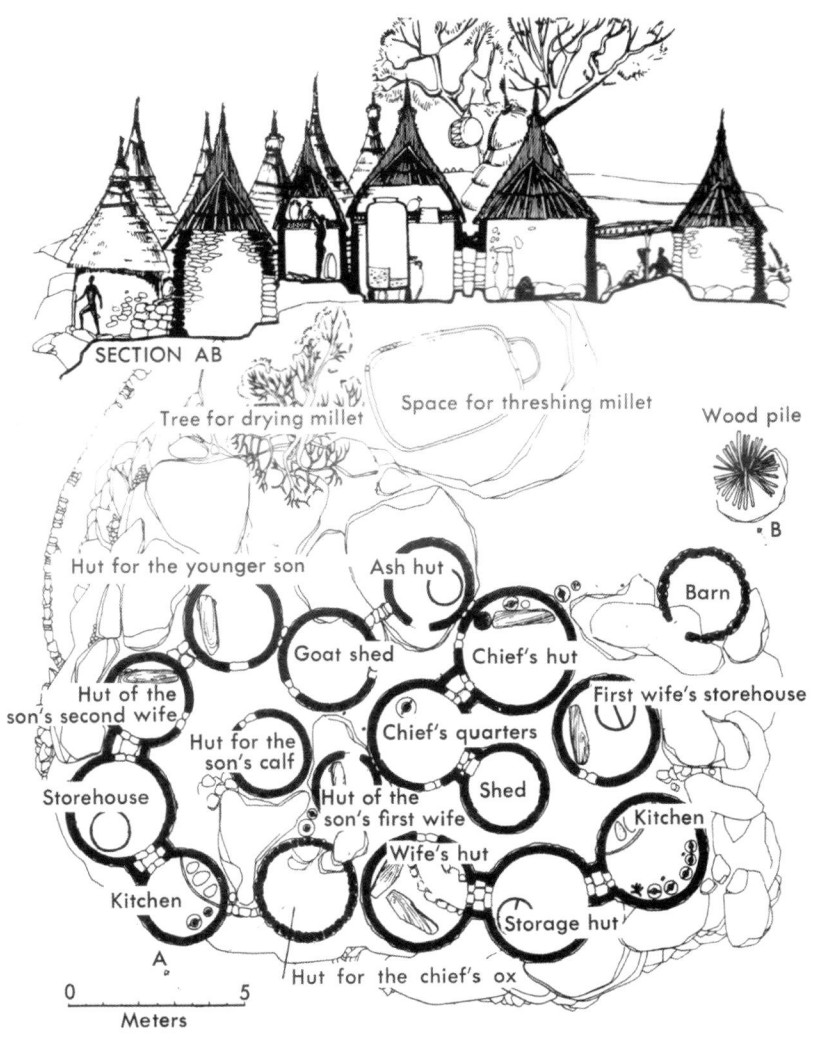

图3-14 对空间功能结构的分析

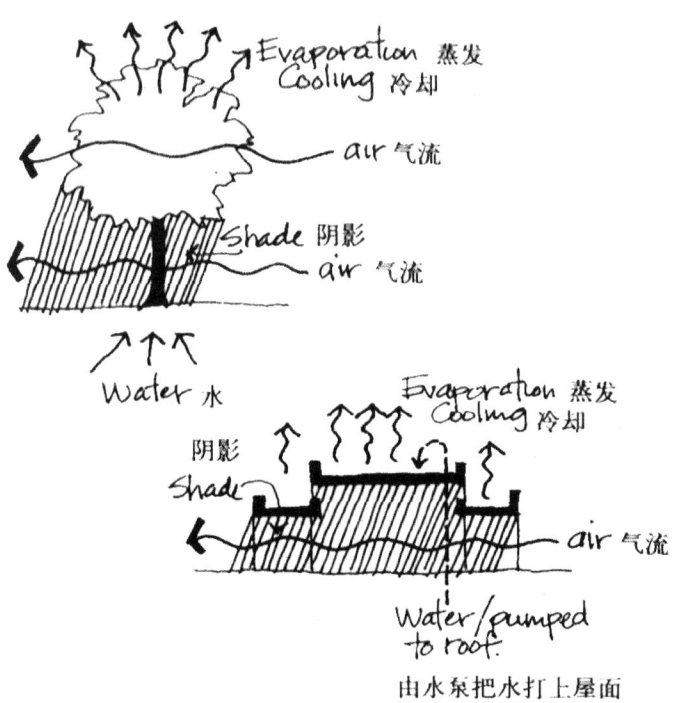

图3-15 对形态特征的分析

例1 针对环境特征的分类分析 (图3-16～图3-24)

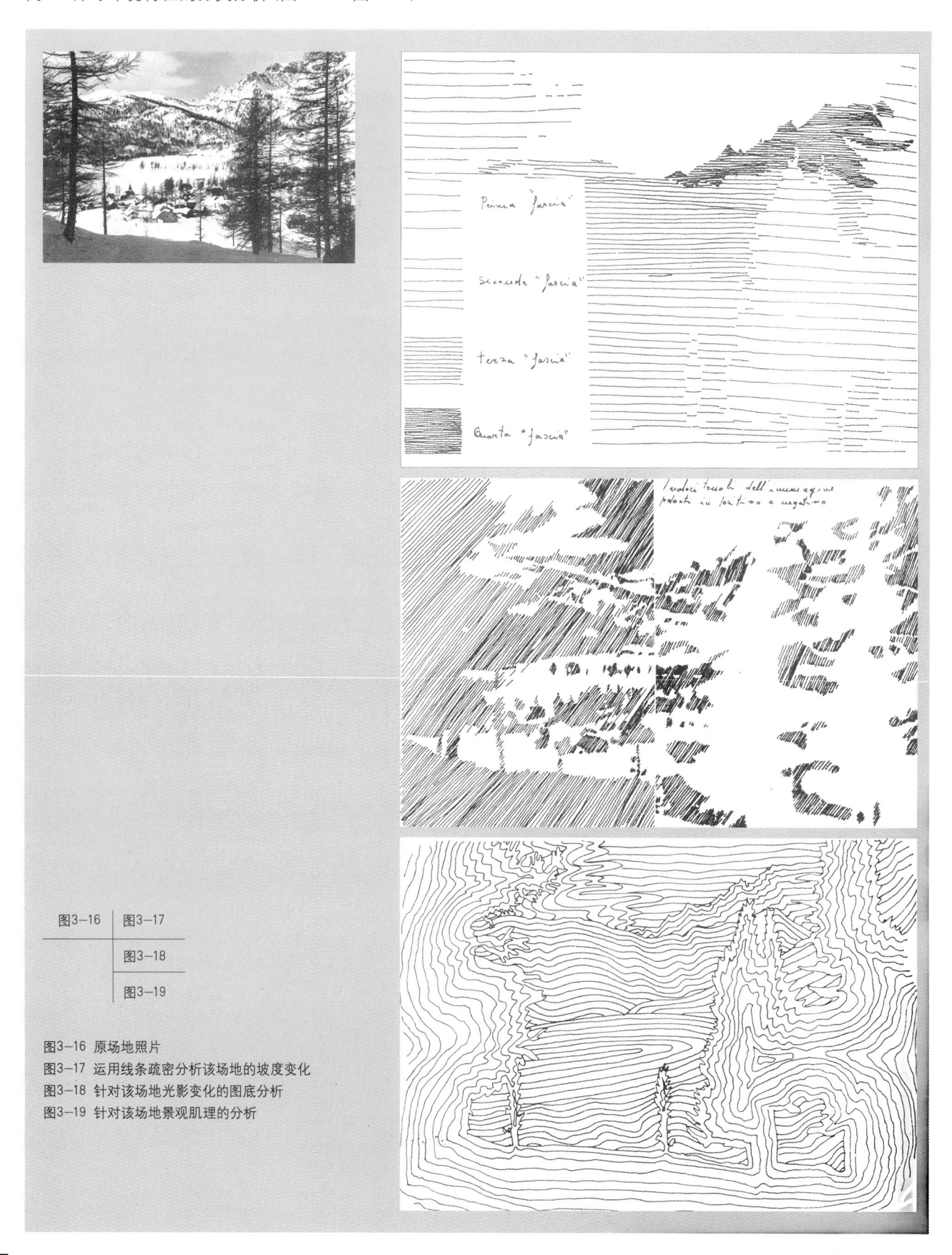

图3-16	图3-17
	图3-18
	图3-19

图3-16 原场地照片
图3-17 运用线条疏密分析该场地的坡度变化
图3-18 针对该场地光影变化的图底分析
图3-19 针对该场地景观肌理的分析

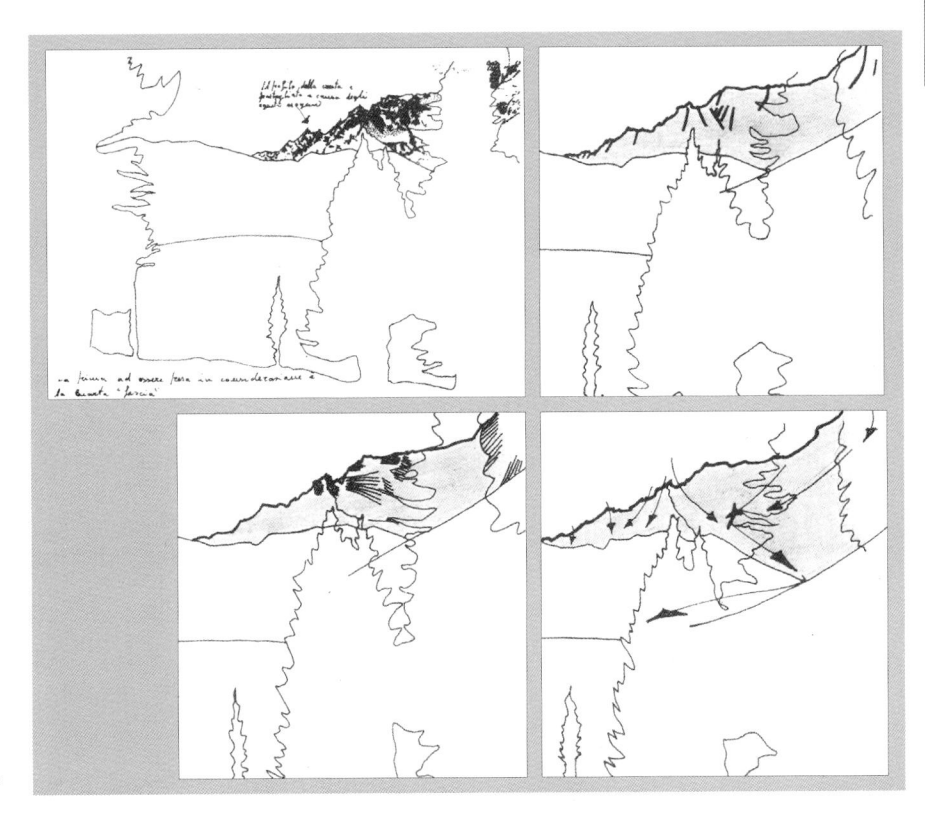

图3-20 针对该场地山峰的分析

图3-21 针对该场地中部山脉的分析

图3-22 针对该场地湖泊的分析

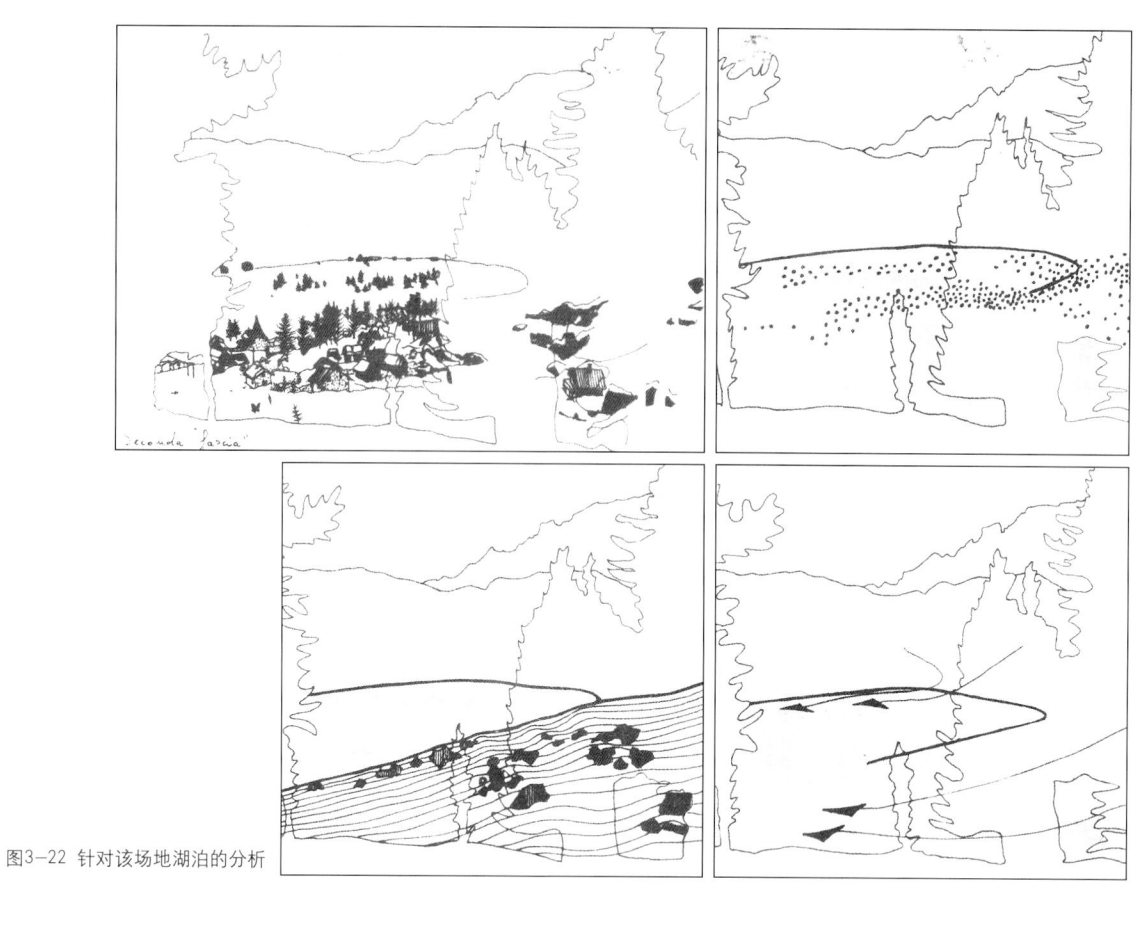

图3-23 针对该场地近景植被的分析

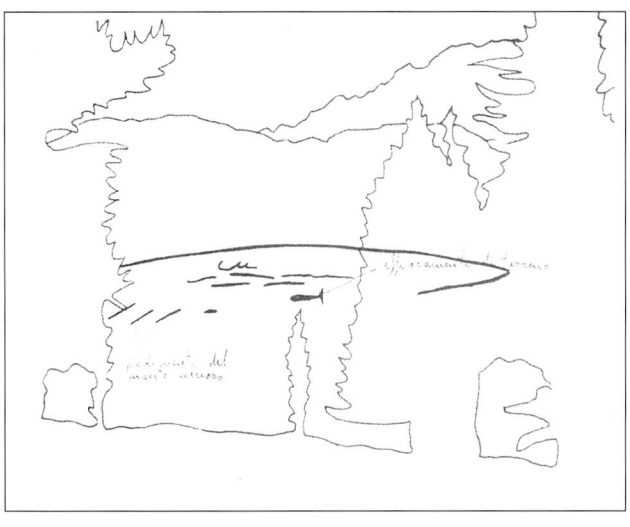

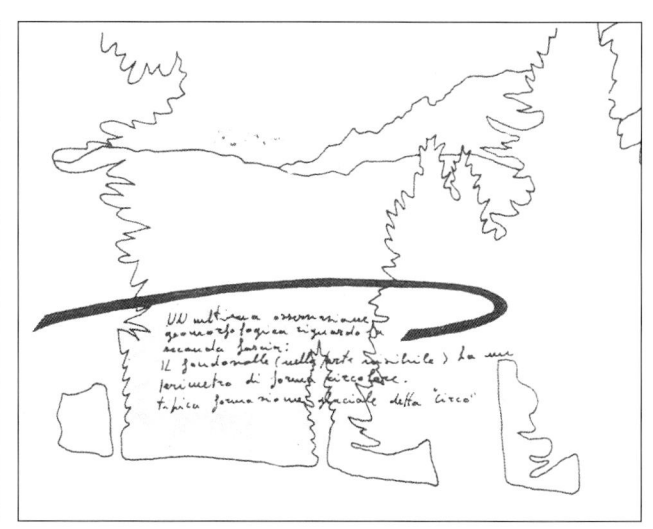

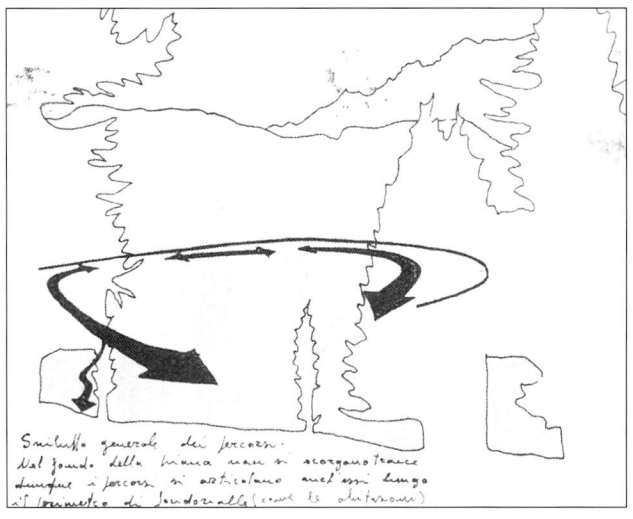

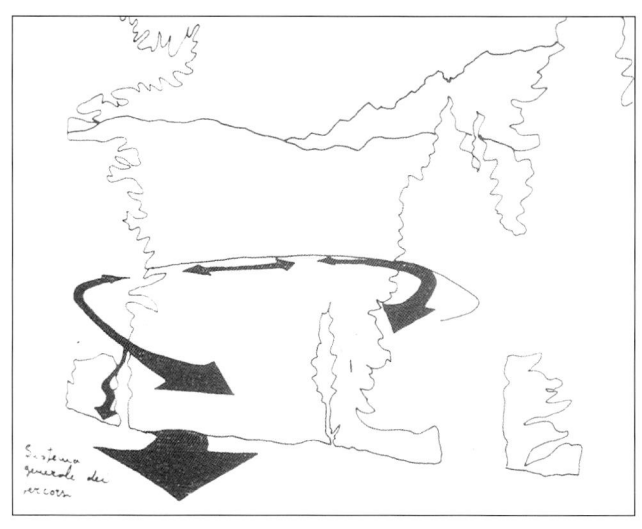

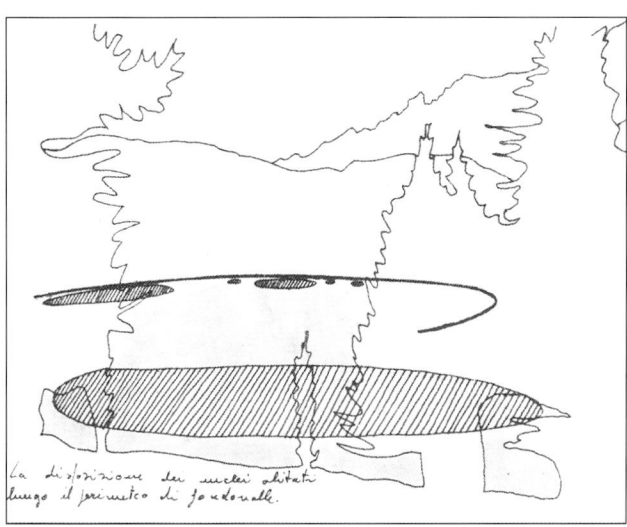

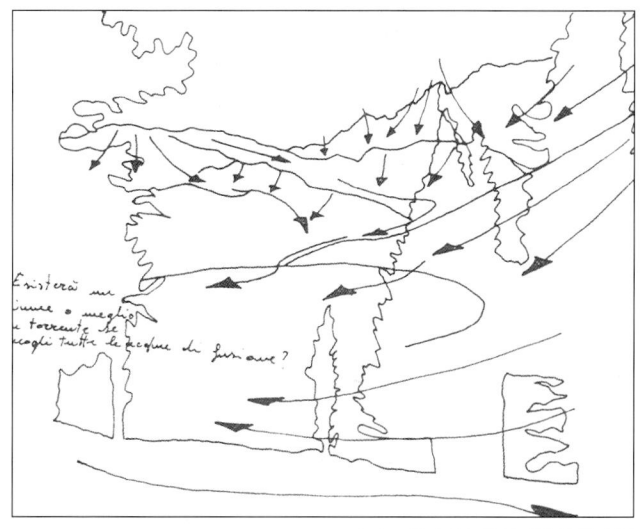

图3-24 针对该场地景观结构的分析

第三节 思考

一、设计思维表达在设计思考中的作用

(一) 有助于理清思路

本书中所提出的思考阶段是设计程序中的主体阶段，即创作阶段。这个过程是一个充满创造的复杂的过程，在逻辑意义上不可能"条理分明"，也不可能有自觉的、有条不紊的定向推理，而是一个高度个性化和整体综合性的过程。因而它必须借助于视觉语言表达进行分析、归类、有秩序化的整合。

(二) 有助于记录思维过程

设计这种特定的思维活动充满个性与创造性，是极为动态化的、偶发的，因而它必须借助视觉语言表达，记录设计思维活动的轨迹，通过论证和逻辑性推理，使这些记录的片段成为成功的案例。

(三) 有助于激发创造

设计师的随意勾画产生出的图形语言，能够激发设计师对形态的联想和对思维的延展，从而促进设计创造活动的发展。

二、内容

(一) 概括

概括的方式是把设计思维变成视觉代号或语言符号，使之形象化、简单化，可读性更强。卡通画通常都是使用这种手法（图3-25）。这种过程可以揭示普遍性与结构性的东西，如毕加索牛的抽象画过程（图3-26）。

图3-25 概括简练的卡通画，使画面可读性更强

图3-26 毕加索牛的抽象画过程

图3-27 概括画使建筑立面更清晰

符号化的图像有助于我们忽略设计的特殊风格，而关注到形体的结构关系，它也能显示设计的更多意义或功能。通常，一种概括方法选择一个或几个特征来表现，如通过画一幅简单的建筑和其窗户的轮廓线，就可以更清楚地发现建筑式样与窗户之间的关系，以及窗户对主要建筑物形体构图的影响（图3-27）；画出街区的街道和建筑轮廓，就能更清楚街区的关系（图3-28）；画出街区建筑布局的反图像，就可以分清公共空间和私密空间的关系（图3-29）。

（二）重构

通常，分析视觉笔记会促使人们对所发现的图形进行思索。很多视觉形象可从已概括的图形中重构而成。这些操作激发人们的思想，使设计师能够把注意力从视觉笔记转移到设计研究上。(图3-30～图3-33)

（三）联想

设计活动中的形体创造在很大程度上依赖于我们已有的视觉形象经验，所以在已有的形象经验之上再进行联想创造是创造中最重要的方法之一。（图3-34～图3-37）

（四）论证

在设计思考的过程中，设计思维表达可将阶段性思考的成果呈现出来，有助于对已形成的思维成果做可行性的论证，使方案得到推进和完善。

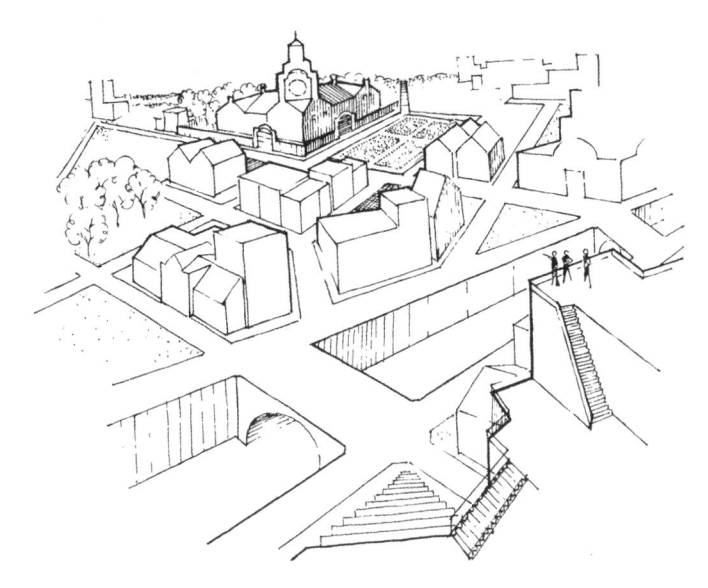

图3-28 街区的概括使街道空间更清晰

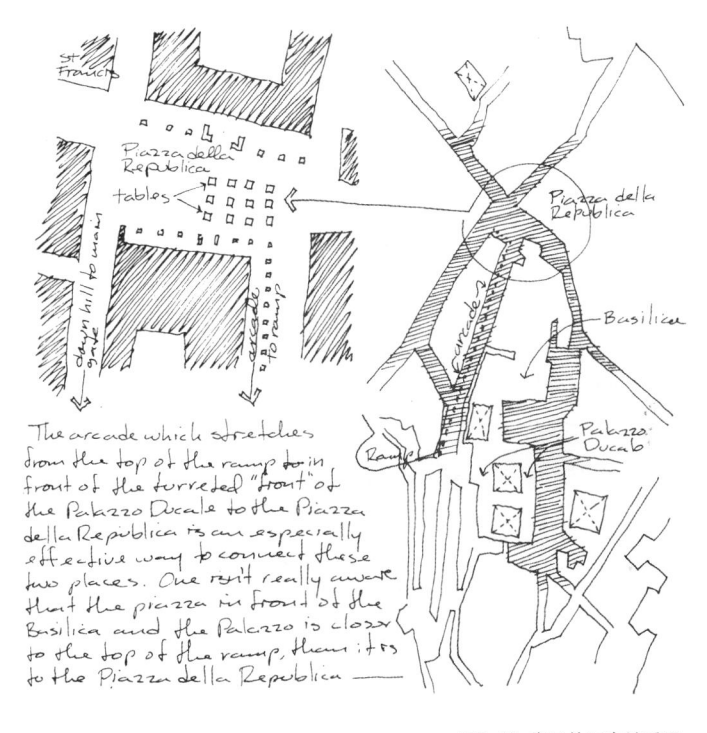

图3-29 街区的图底关系图

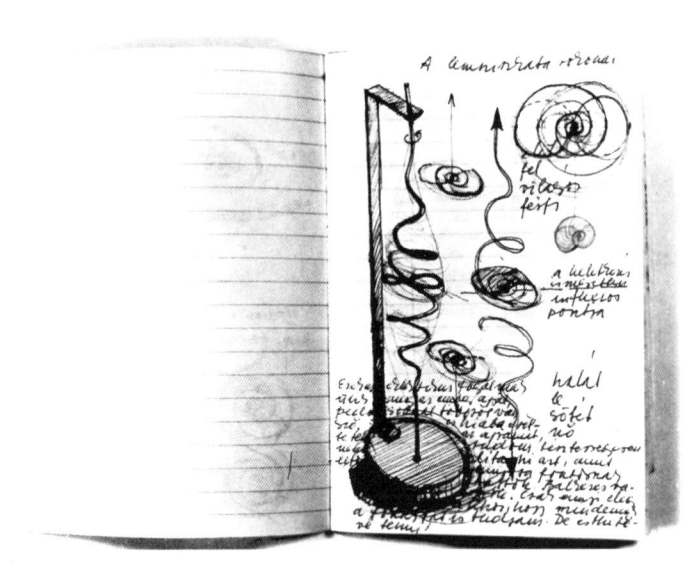

图3-30 对弹簧产生的螺旋纹样的概括提炼

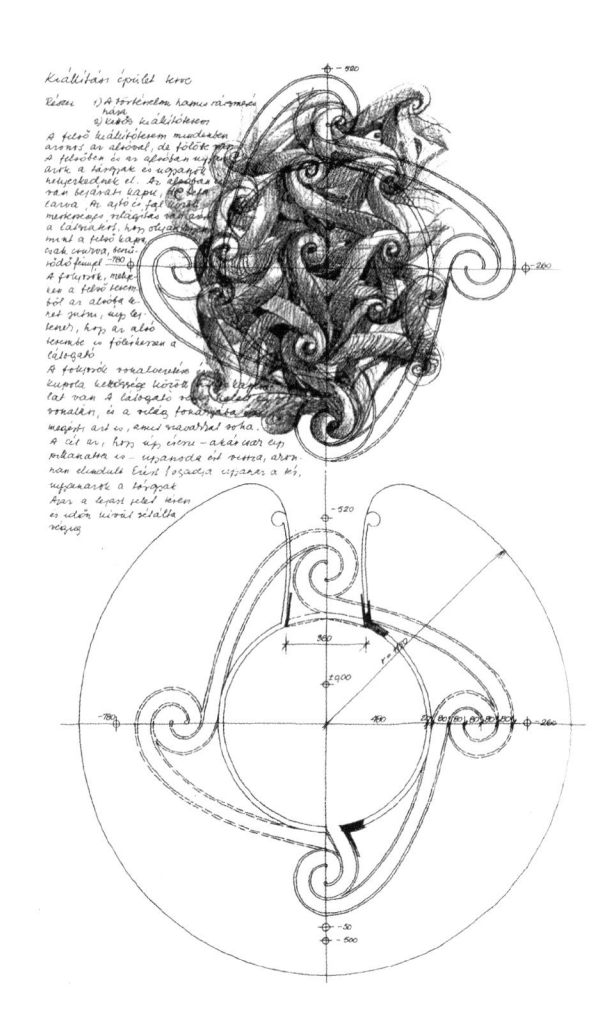

图3-32 对螺旋纹样的概括及再创造

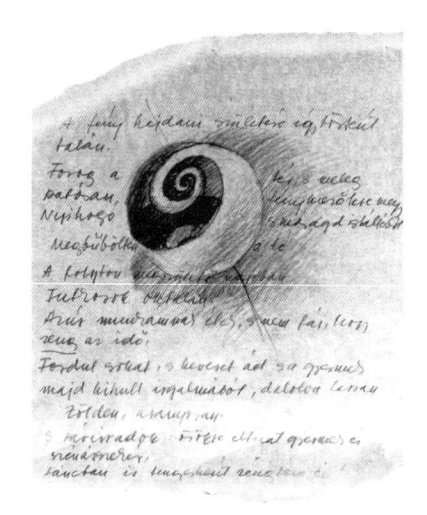

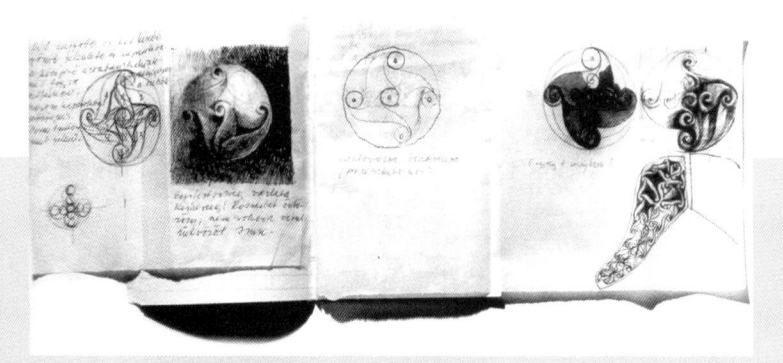

图3-31 对螺旋纹样的概括提炼

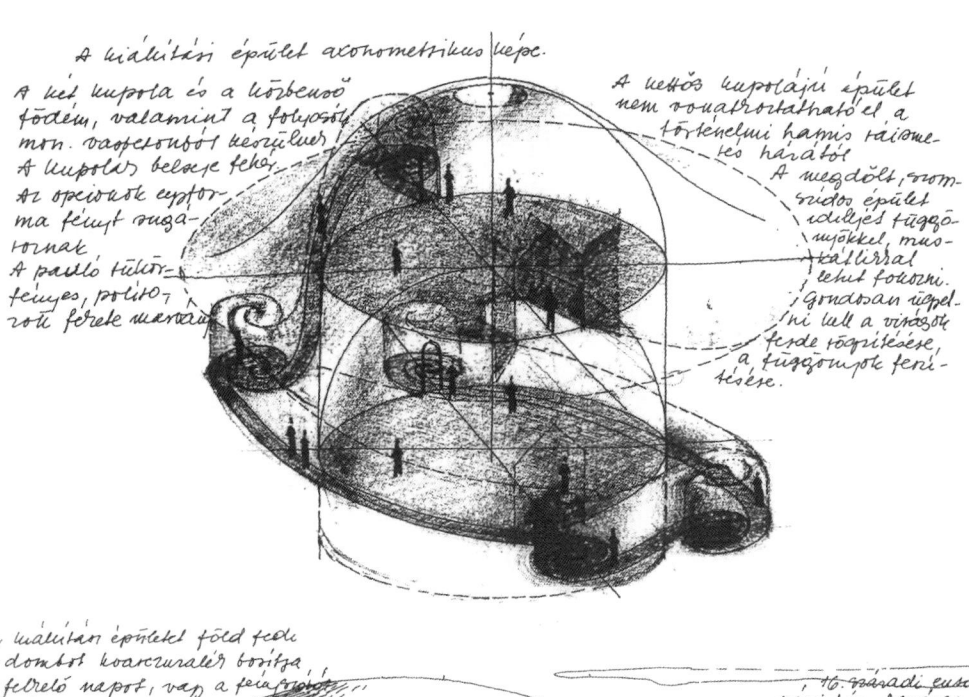

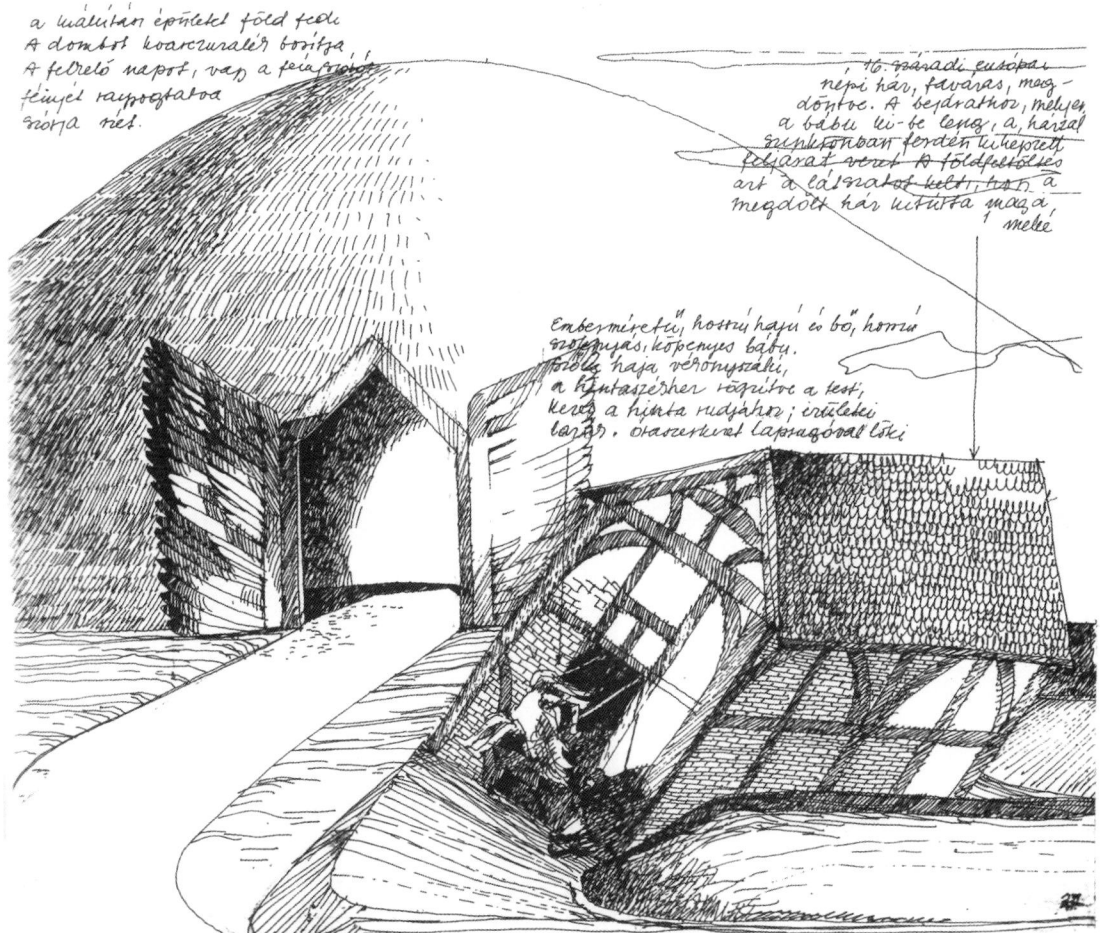

图3-33 螺旋纹样在建筑设计中的运用

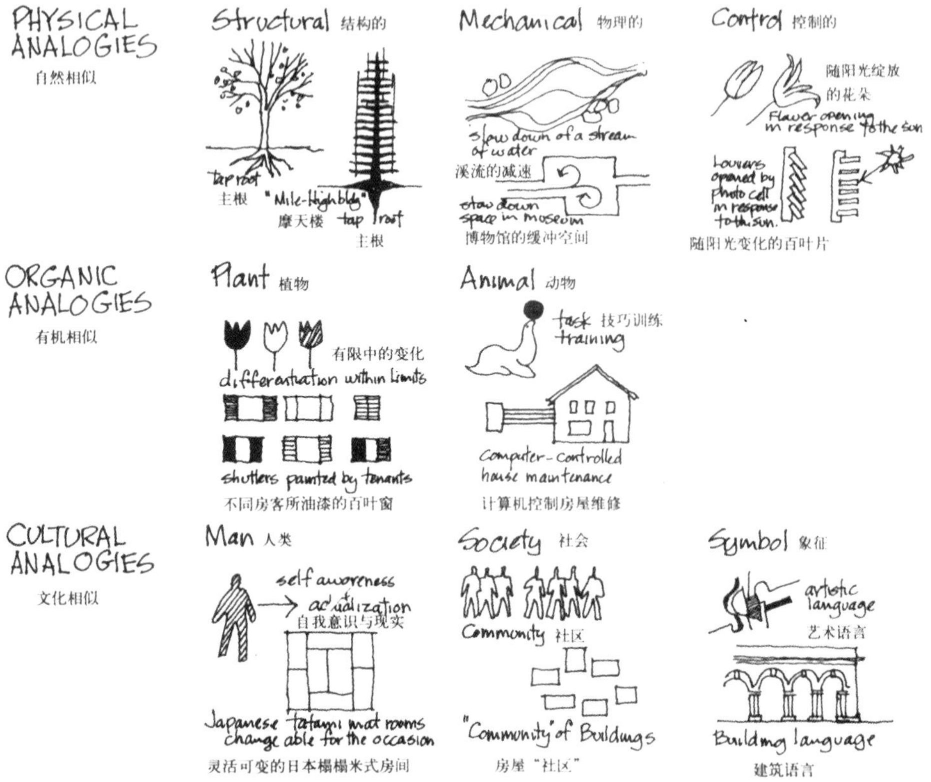

图3-34 建筑形态的创造与自然界生物形态的联想

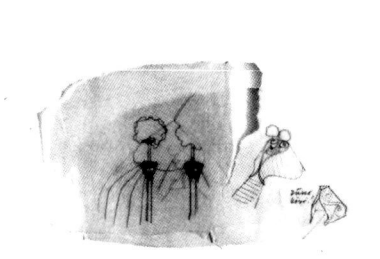

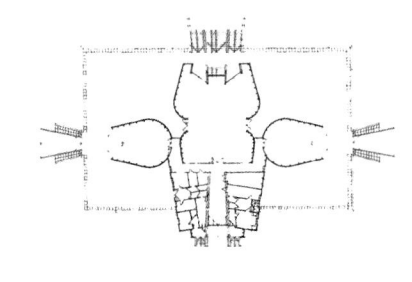

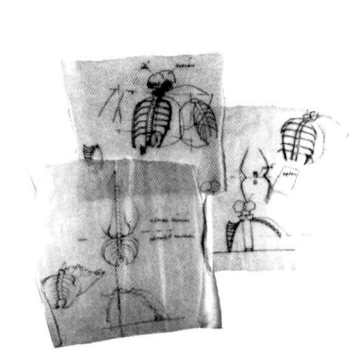

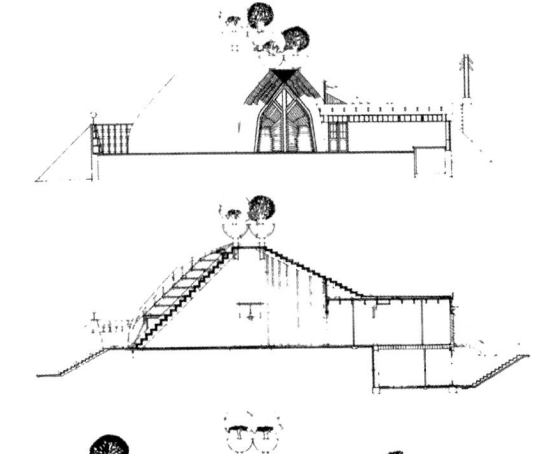

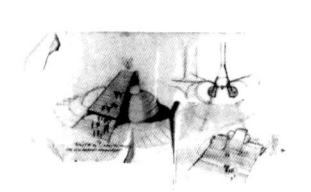

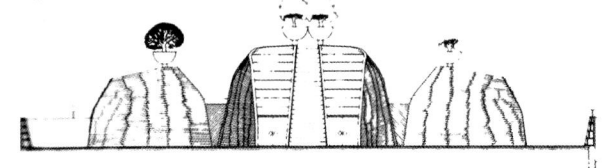

图3-35 依据人的骨骼联想产生的建筑形态

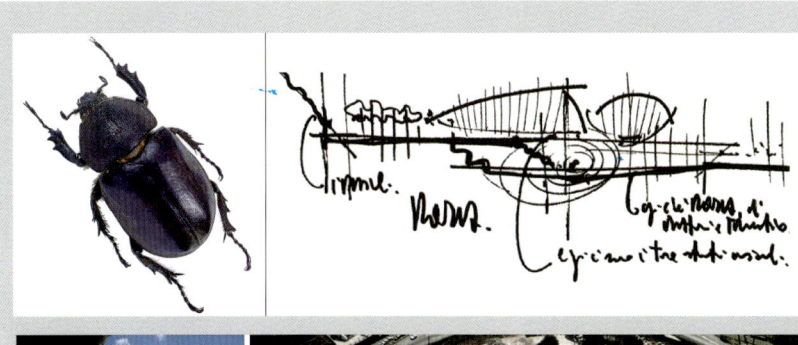

图3-36 伦佐·皮亚诺的罗马综合音乐厅构思似甲虫

图3-37 伦佐·皮亚诺设计的罗马综合音乐厅

第四节 交流表述

一、设计思维表达在设计交流表述中的作用

设计者不仅要学会领悟形体，而且还要学会传达设计思想。设计思维表达在设计交流表述的过程中可以起到以下作用：

1. 发现问题

交流和表述是设计过程中的重要阶段，包括与甲方交流或与同行交流。在这个过程中一个设计方案将得到来自于不同角度的考验，因此多方面的问题也会逐步提出。

2. 方案评价

设计经历一定阶段后需要回顾审思，在交流与表述的过程中，设计阶段性的成果通过完整的视觉形象展现出来。在此阶段中所有的成果逻辑清晰、一目了然，为方案带来了全面审度的机会，也为方案提供了进一步提升的契机。

二、内容

视觉表述不是简单地展示视觉材料，而是将那些原创的未加修饰的思想表达出来。它是设计者思想的反映。

首先，它必须是富有分析性的、具有想象力的，它是一个方案多种可能的表现、利与弊的图形解说。

其次，本阶段的设计思维表达不是设计行业中规范性的技术语言的表述。其要求是造型概括，不求完整但有创造性，能充分表达设计意图。

同时，表达在图纸上的设计内容要有其实践意义，要富有可读性，并且逻辑清晰、内容明了。本阶段的表述方式与前面的记录草图、设计草图，在功能上和方式上有些不同，但其基本内容和方法是相同的。这个阶段的设计思维表达包括：

对设计对象整体的描述——理念、意象、形态等；
对设计对象形体的描述——形体、色彩、材质等；
对设计对象细节的描述——结构、做法等。

以下是一例在设计过程中与甲方交流沟通时所展现的设计表述图。（图3-38～图3-50）

图3-38 商业区景观总平面图

设计思维表达的应用

一条水晶链——联结晶城各区域，展现艺术品质

由钢构玻璃廊架、地面光带、发光装置小品和主题雕塑等组成，穿越建筑群，南北连接酒店和商业区，东西贯通商街与景观湖区，是景观价值的核心部分。

图3-39 景观总体设计理念与构思

图3-40 景观总体设计理念与构思

地下车库出入口
P（25个）
三星级酒店
三星级酒店车行出入口
服务式酒店公寓
P（5个）
三星级酒店人行出入口

❶ 中央造型灌木带
❷ 木质平台
❸ 休息平台
❹ 棕榈科植物
❺ 草坡绿化带
❻ 水景
❼ 旗台
❽ 花池
❾ 装饰矮墙
❿ 造型灯柱
⓫ 停车场

总平面图

图3-41 酒店区域景观总平面图

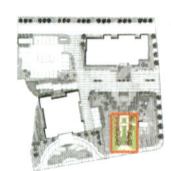

图3-42 酒店区域入口通道景观平面图

图3-43 酒店区域入口通道景观空间示意图

图3-44 酒店区域入口通道景观绿化形态示意图

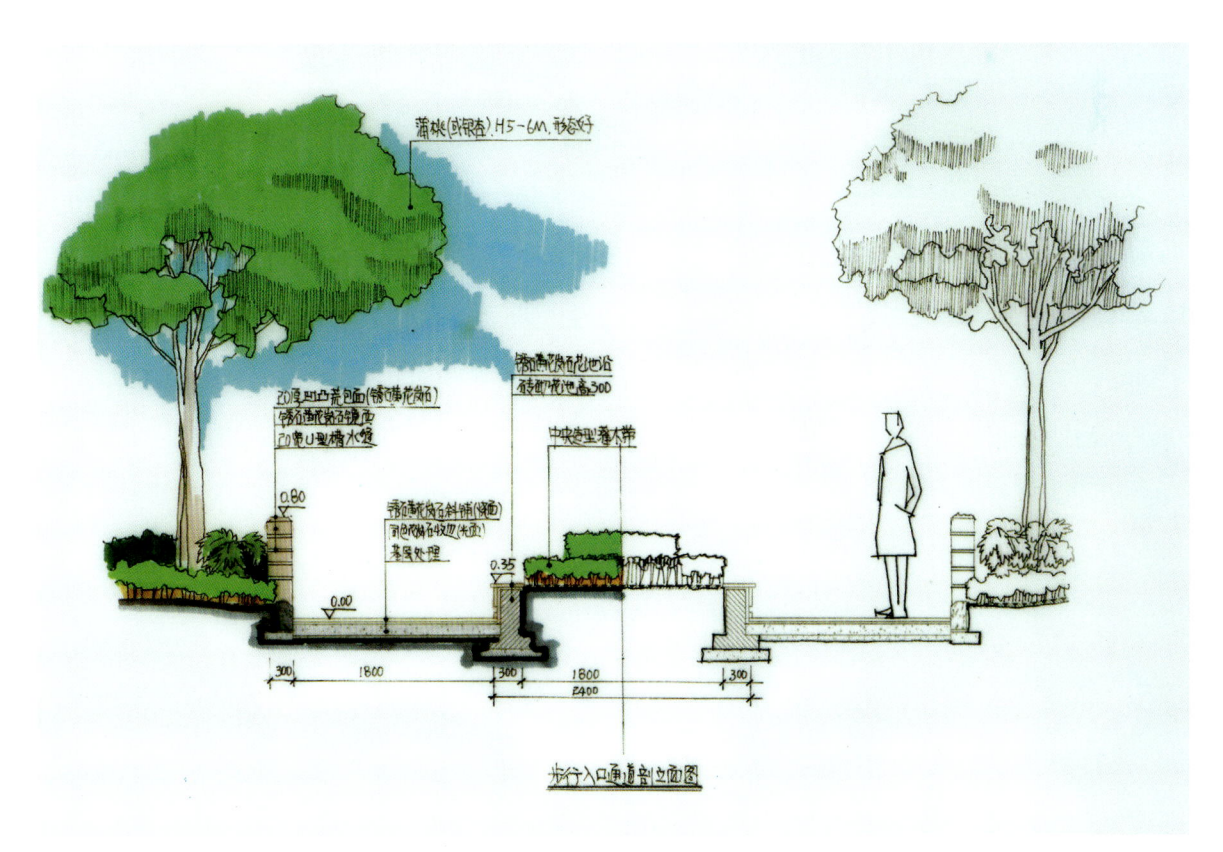

图3-45 酒店区域入口通道景观剖面图

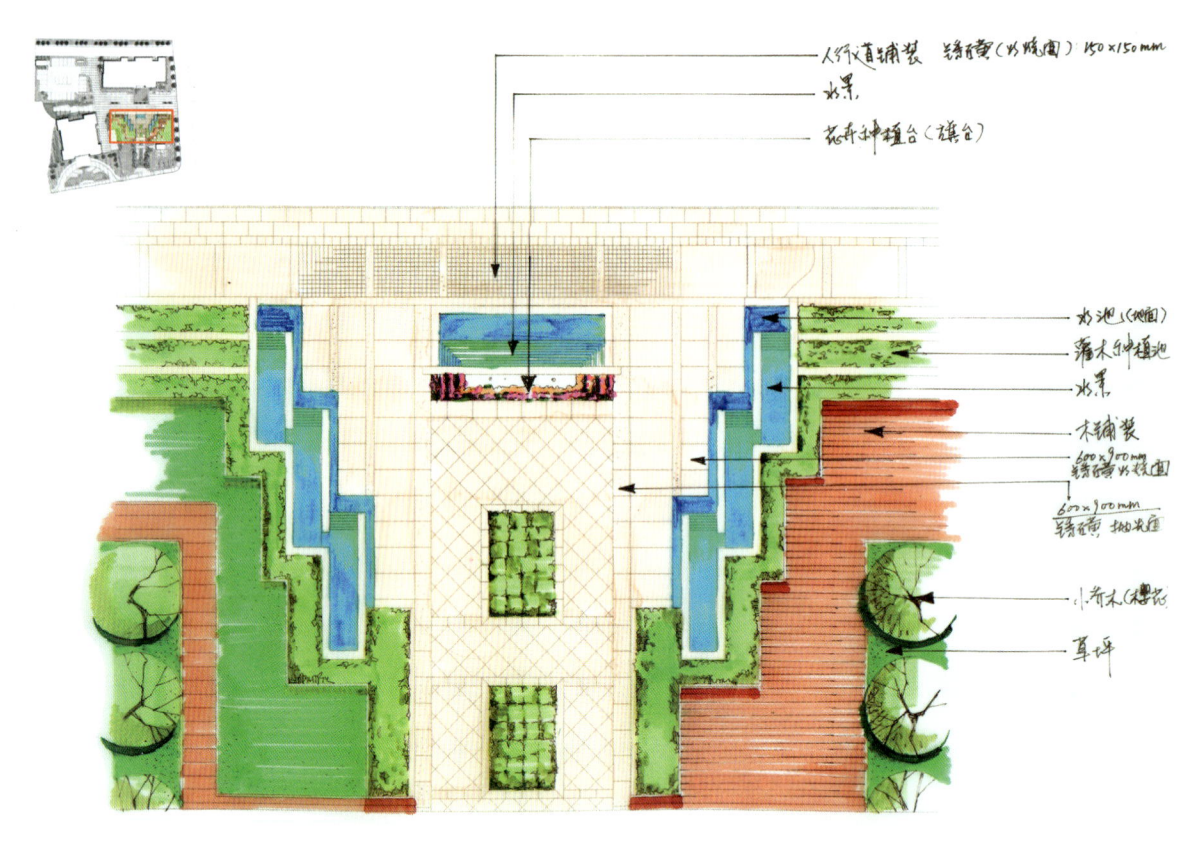

图3-46 酒店区域入口水景景观平面图

图3-47 酒店区域入口水景景观空间示意图

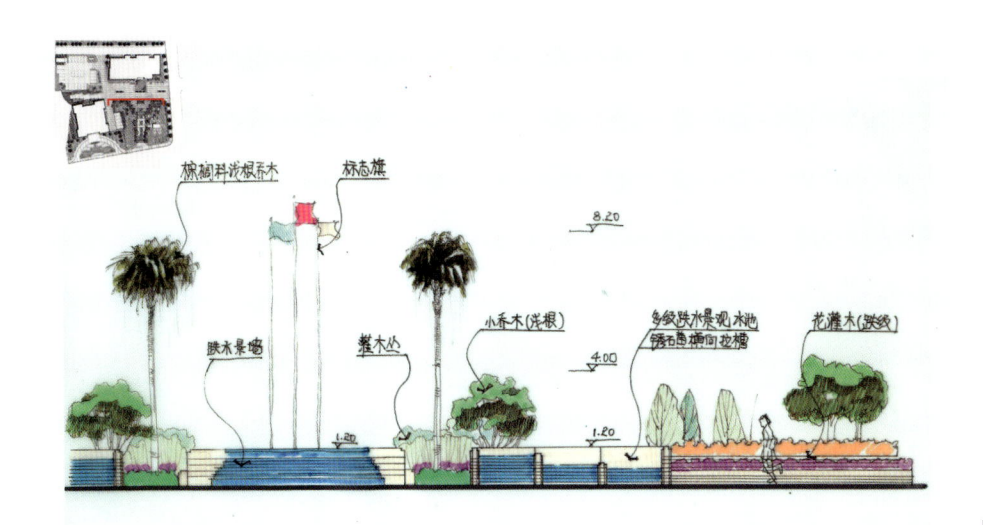

图3-48 酒店区域入口水景景观立面图

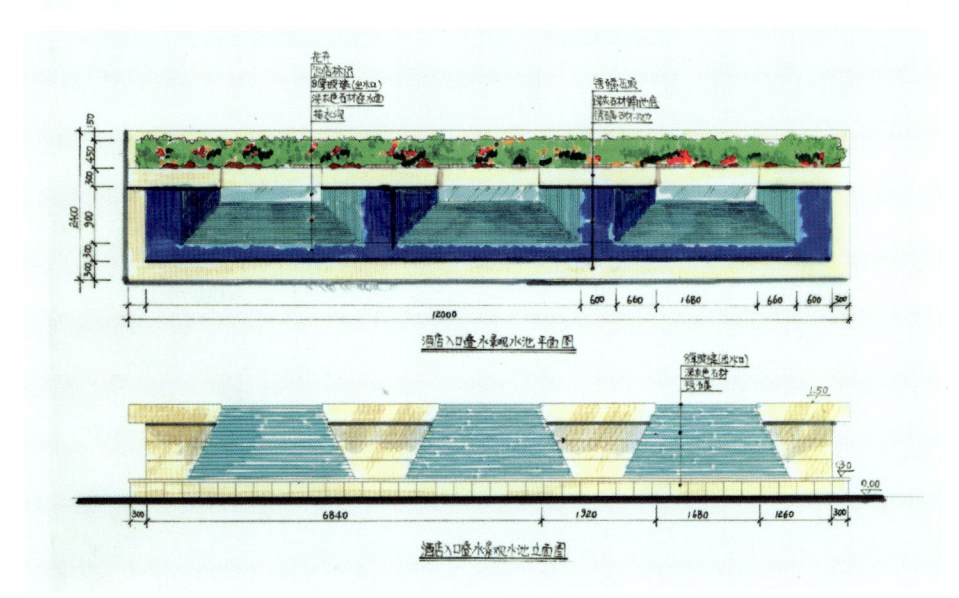

图3-49 酒店区域入口主水景平、立面图

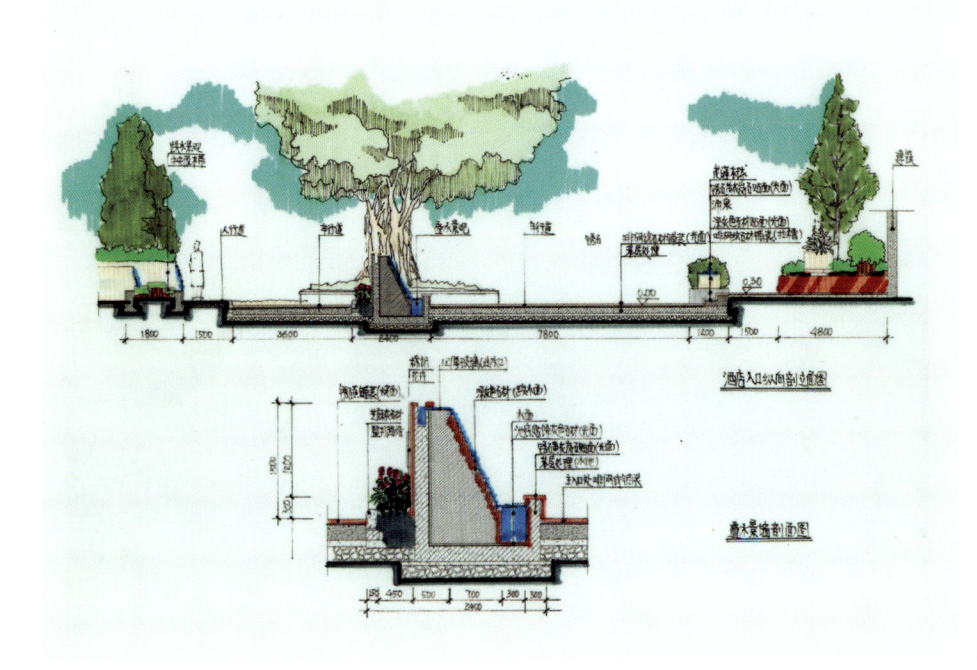

图3-50 酒店区域入口水景景观剖面图

第四章 设计思维表达的技能培养

第一节 课程概况

学时、周时、阶段、先修课程（本门课程之前的必修课程，如学习设计思维表达之前必修的课程有透视原理及空间描绘和表现技法）。

学时及周时

本课程共32学时，其中课堂讲授8学时，课堂讨论4学时，阶段小结2学时，课后总结2学时，作业及训练辅导16学时。课程分2周完成。

课程阶段训练

共包括6个阶段小节训练和2个综合训练。

1. 阶段训练

各教学小节中需掌握的内容通过小节训练的方法分步骤、分层次地传授给学生。用做小练习的教学方法避免单一讲授的枯燥，能够提高学生的学习兴趣，并使学生从中体会到乐趣，在偏重于实践动手的课程——设计思维表达中体现出这种教学的优越性。

其题目设计需按照该节教学中要讲授的知识要点，设计有趣味、有思考难度的题目，培养学生勤于思考的习惯。

2．综合训练

一系列的阶段训练和综合训练使学生掌握设计思维表达在设计过程各阶段的应用方法，并熟练运用各种技法。

6个小节实际是将设计的程序分解为6个过程,分别为观察、记录、分析、思考、交流和表述,每3个小节穿插1个综合训练。综合训练是将各阶段小结的内容融合在一起进行综合练习。综合训练实际上是设计过程的综合表达,一是针对"观察、记录、分析"前3个小节的综合训练,二是针对全部小节的综合训练。

第二节 教学目标与能力培养

　　设计思维表达贯穿了专业教学全过程,通过本课程的训练,要求达到以下教学目标:

　　(1) 掌握和熟悉设计的视觉表达方法;
　　(2) 强化视觉思考的方法意识;
　　(3) 强调设计思维信息传达方式的丰富性和逻辑性。

　　设计视觉思考课程时间短,且要求教学单元各阶段关系清晰、内容明确,因此重点在强化视觉语言的作用,掌握视觉思考的方法,熟悉视觉表述的手段。

　　本课程强调的是设计表述方法,区别于设计表现。本课程着重培养设计思维与设计表述的互动能力,即在实际设计过程中熟练运用各种表述方法。同时设计表述能够促进设计思维的无限发展。

第三节 课程安排

课程阶段设计总表

课程阶段		训练要点
第一部分	阶段训练一 观　察	1. 从使用者的角度观察对象——培养以人为本的设计原则思想； 2. 从全面的角度观察对象——培养从整体到局部的完整观察的能力； 3. 从特殊的角度观察对象——培养设计师独特的设计思维，从特殊的角度观察引发独特的设计理念。
	阶段训练二 记　录	1. 参照事物，原样记录——培养观察并描绘事物的快速和准确的能力； 2. 根据记忆记录描绘事物——培养抓住事物主要特征及快速记忆的能力； 3. 根据事物的内在联系记录描绘事物——培养分析事物的内在关系及结构的能力，以及再创造的能力。
	阶段训练三 分　析	1. 整体环境分析（气象气候、地形地貌、人文风情、建筑布局等）； 2. 空间组织分析（空间大小、功能流线、组织布局等）； 3. 造型意向分析（外观形态、空间形态等）。
综合训练一		考察并记录、分析一栋建筑（包括建筑本身和室内外空间），综合训练设计者的观察能力、记录能力及分析能力。
第二部分	阶段训练四 思　考	1. 形态想象力及创造力； 2. 空间想象力及创造力。
	阶段训练五 交　流	1. 设计语言的表述能力； 2. 设计语言的交流能力。
	阶段训练六 表　述	1. 设计思维表述的逻辑性； 2. 设计思维表述的表现性。
综合训练二		选择一例优秀案例，通过实地考察或方案分析深入了解作者的设计理念和设计方法，并用自己的方式重新诠释出来，综合训练设计者观察、记录、分析、思考、交流、表述的能力。

第四节 基本功训练

本课程属于设计表达的系列课程的第三部分（前两部分为制图基础和表现图），通过前面两个阶段的学习，初学者已经较好地掌握了环境艺术专业绘图的基础知识和技能。所以在本阶段的学习中，基础的技能和方法应该转为着重于表达设计构思及交流的过程，手、脑、眼的相互配合以及图形与思维的相互促进，从而达到推进方案发展的目的。表达设计思维不在于技法有多漂亮，只要能清楚地表达意图就行。设计思维表达这一阶段课程要解决的问题更多的是设计程序及设计记录、思考、表达的问题。

本小节所涉及的图形类表达的技能训练更多的在于掌握各种专业的分析表达法和速写式的方案构思法，其技法训练类似于徒手画画的基本技能的训练，在以下内容中我们将会详细介绍。即使没有绘画经验的初学者，通过本小节的技法训练也能够很好地完成图形类的设计思维表达。

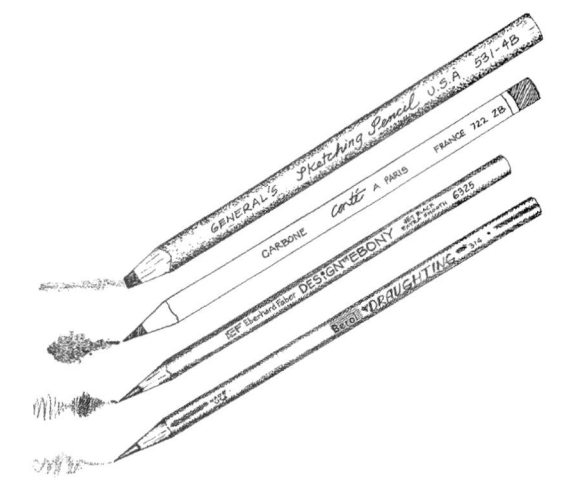

图4-1 木质铅笔

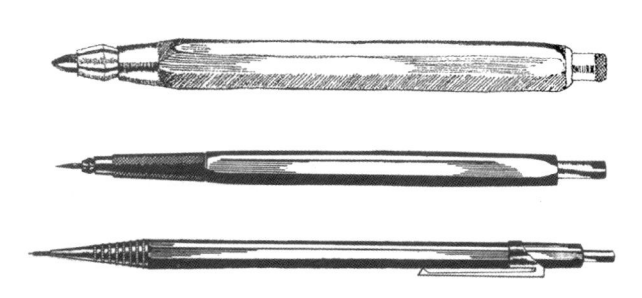

图4-2 自动铅笔

一、基础训练

（一）工具

一名优秀的设计师能够在自己创造的过程中找到快感，一支好的笔能够帮助设计师进行思维的流畅表达，给设计师带来灵感。因而选择合适的工具显得尤为重要。

设计思维表达多涉及设计草图构思阶段，所以与设计其他阶段的制图工具相比，设计思维表达阶段的工具要简单得多，其特点是便于携带、适于徒手画。

现在市场上设计所用的工具有铅笔（又分自动铅笔和木质铅笔）、炭笔、钢笔、马克笔、针管笔等。（图4-1~图4-5）

纸张常用的有较廉价的新闻纸，也有光面速写纸和粗面速写纸。另外，还有拷贝纸、草图纸、速写纸（速写本）等。

为了提高工作效率，在工具的选择上应该有所讲究，不同的工具可产生出不同的效果。

图4-3 钢笔

图4-4 马克笔

钢笔可产生高反差对比的形象，又易于画出松弛的速写线条，它墨迹持久，可防止被橡皮抹去或被水侵蚀（图4-6）。钢笔有多种类型的笔尖，不同类型的笔尖可以描绘出不同的效果，如斜体型笔尖有比较锋利的横刃，线条在竖笔处比较粗，笔尖越宽，粗细笔画区别越明显。这样能在作画时下笔流畅，变化丰富，能够表达灵动的思维（图4-7、图4-8）。

针管笔可以画出等宽的连续线，它在作图中比较容易控制所画的线条并保持线条的连续性，通常用于绘制精确的线条。它有多种型号，不同型号的针管笔画出的线条宽度不同。（图4-9、图4-10）

马克笔尖有从细到宽的不同大小和从尖到扁的不同形状。细笔尖可以画出细线条，而宽的笔头可以画出宽线条和实线。（图4-11、图4-12）

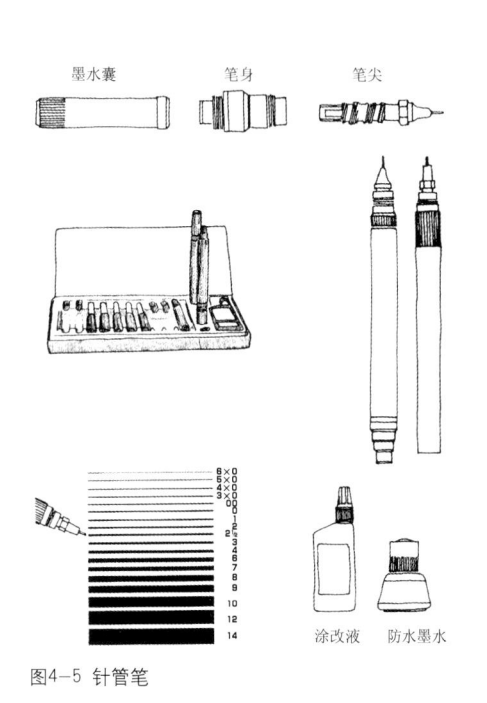

图4-5 针管笔

图4-7 钢笔在作画时下笔流畅，变化丰富，能够表达灵动的思维

图4-6 钢笔可产生高反差对比的形象，又易于画出松弛的速写线条

图4-8 钢笔自由灵动的场景描绘

图4-9 针管笔可以描绘出精致的线条

图4-10 针管笔用于表现较为精确的透视

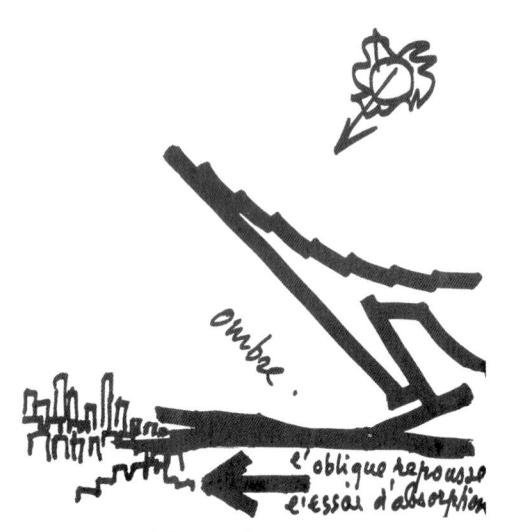

图4-11 用马克笔绘制的简明的分析图

图4-14 在表现创意方案时常用较软的铅笔

图4-12 用马克笔绘制的场地景观结构分析图

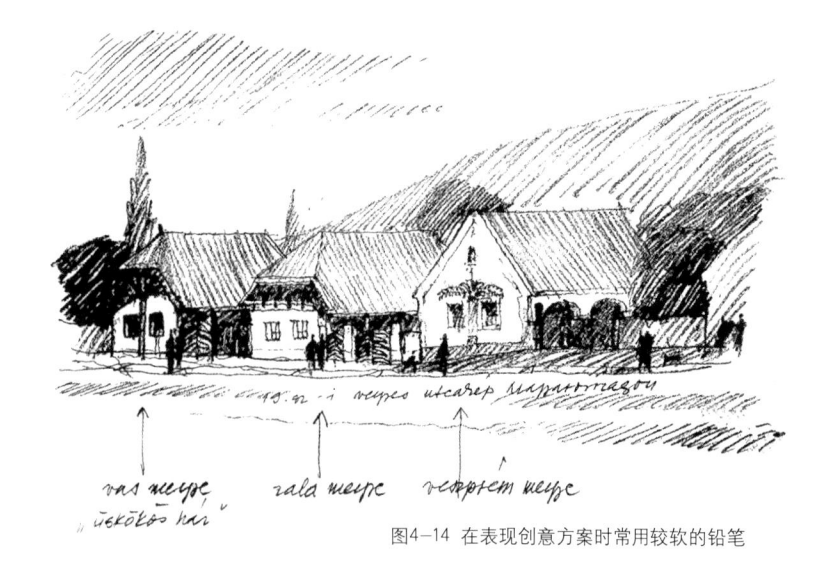

图4-15 用铅笔绘制出街景微妙的光影变化

用铅笔、炭笔或炭精笔可以精确地表现光照下的阴影（图4-13）。选用铅笔时则应注意铅笔芯的硬度、笔尖的特点。软铅笔在光滑纸上的效果更好，而硬铅笔在纹理纸上的表现较佳。在表现创意方案时常用较软的铅笔（图4-14、图4-15）。

图4-13 用铅笔可以精确地表现光照下的阴影

(二)基本功

1. 线条

作为设计表达的基础,线条是全部图形表达的核心和灵魂。通过线条的练习,我们可以从中归纳创造出设计的语言,这种语言决定着我们设计的精神。

线条是形体得以表现的基础,线条本身并没有什么意义,一旦形成了符号或形体就有了生命。线条本身也有质的区别,没有经过线条练习或不讲究线条的画法的人,画出的线条显得呆板、生硬漂浮;经过训练或有深厚功底的人,画出的线条飘逸稳定、极富韧性和张力。所以,练好设计思维表达的基本功,首先应该针对线条进行专门的练习。

以下介绍系列手绘线条练习的方法(图4-16~图4-55)。线条的练习可以说非常简单,但要真正做到得心应手还需要下一番工夫。

图4-16 练习一——垂直线练习(范例)

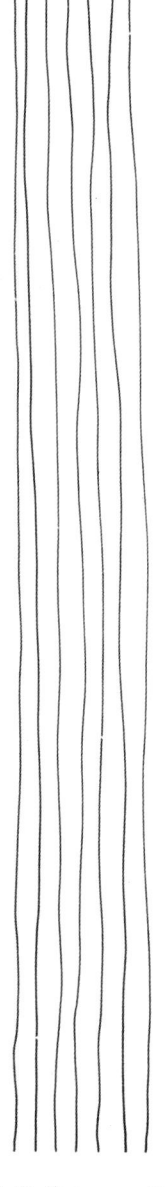

图4-17 练习一——垂直线练习

图4-18 练习二——垂直水平线练习（范例）

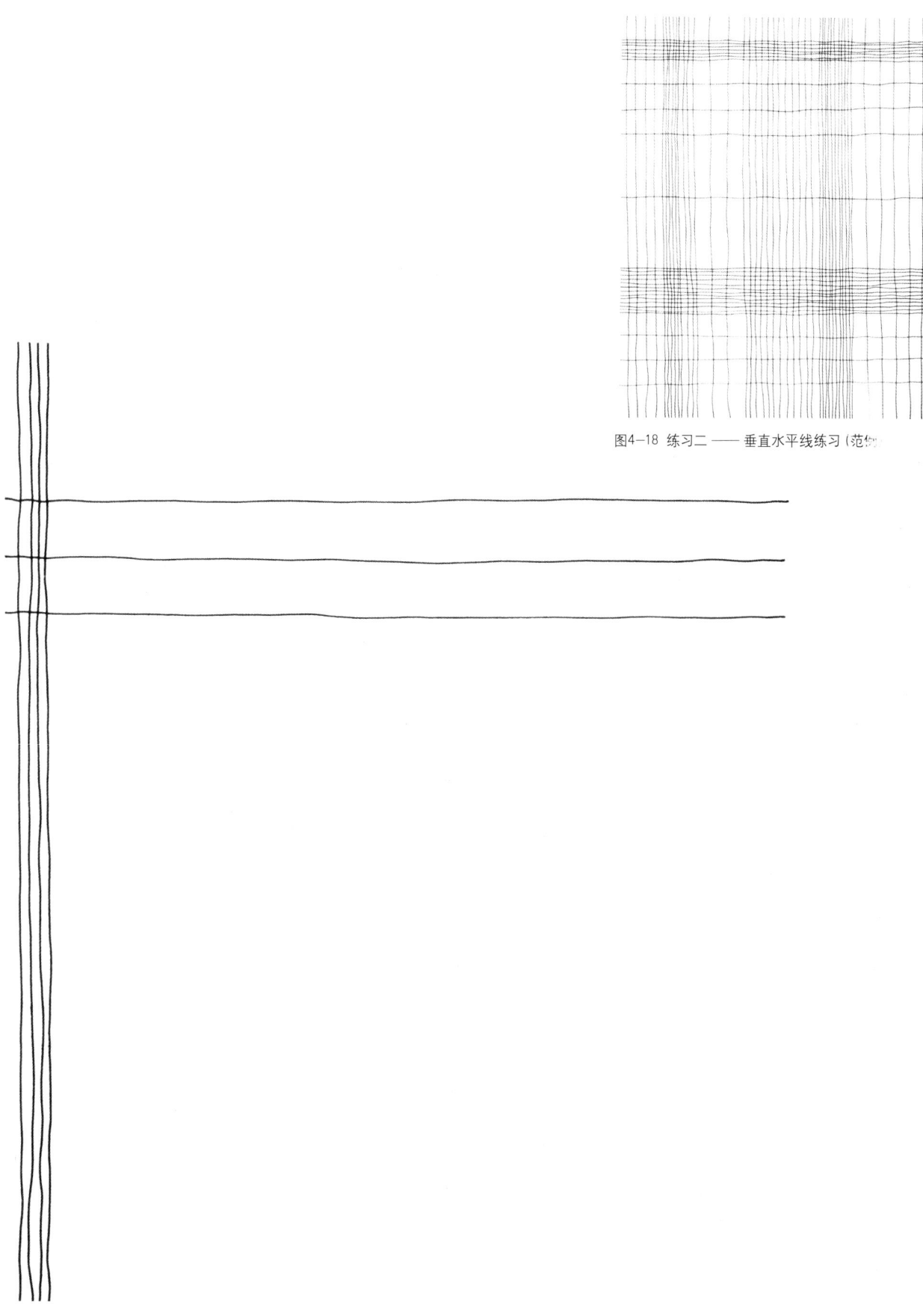

图4-19 练习二——垂直水平线练习

设计思维表达

第四章 设计思维表达的技能培养

图4-20 练习三 —— 斜线练习（范例）

图4-21 练习三 —— 斜线练习

69

/全国高等院校环境艺术设计专业规划教材/

图4-22 练习四 —— 方向线练习（范例）

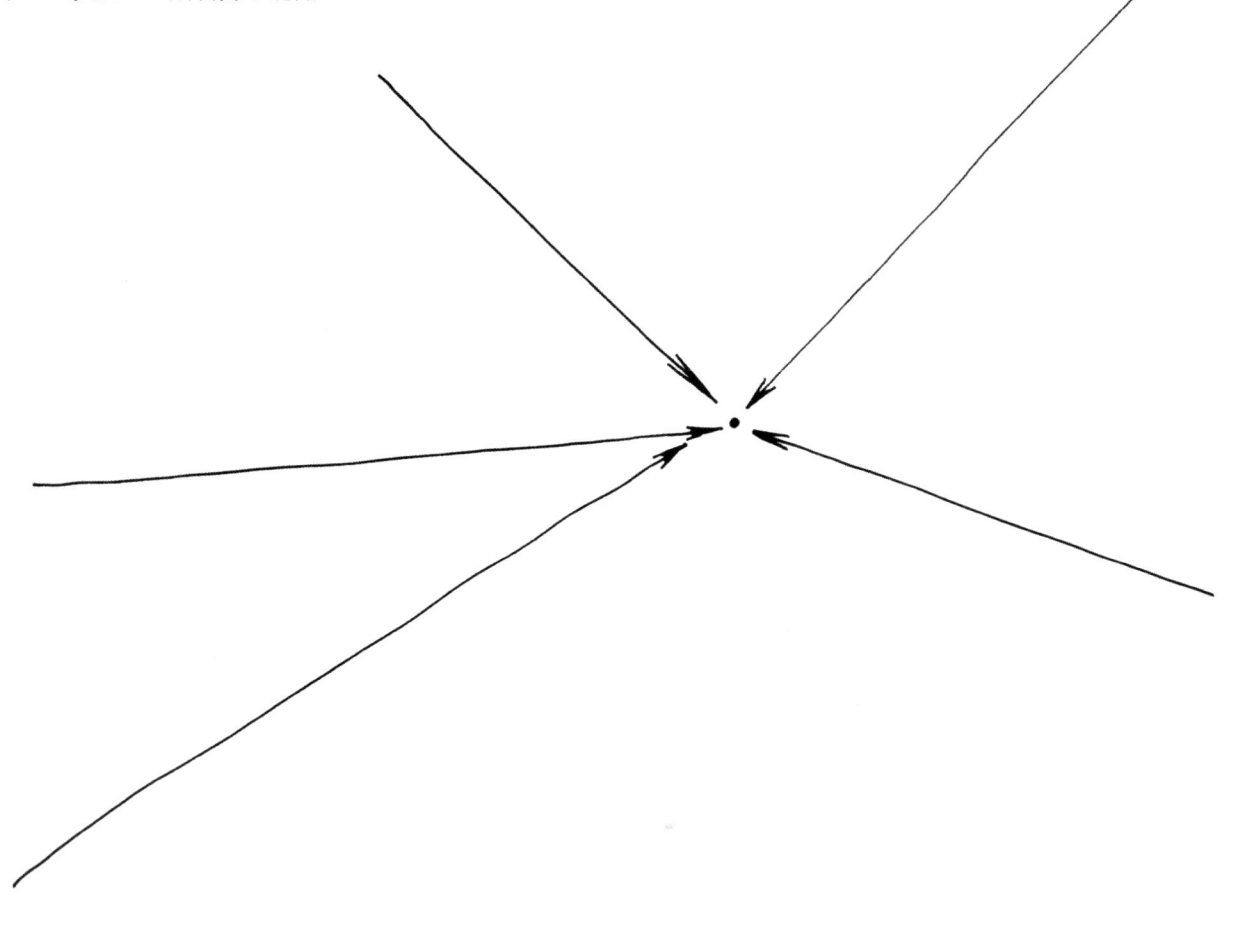

图4-23 练习四 —— 方向线练习

设计思维表达

第四章 设计思维表达的技能培养

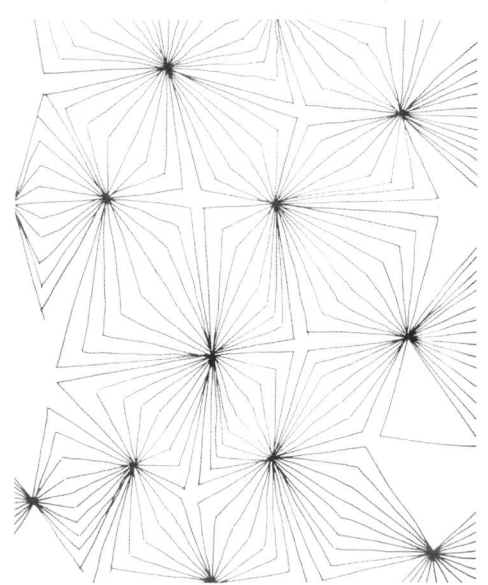

图4-24 练习五 —— 折线练习（范例）

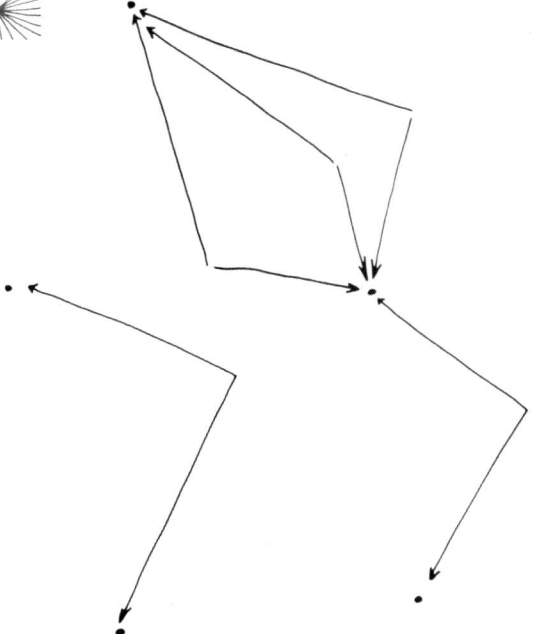

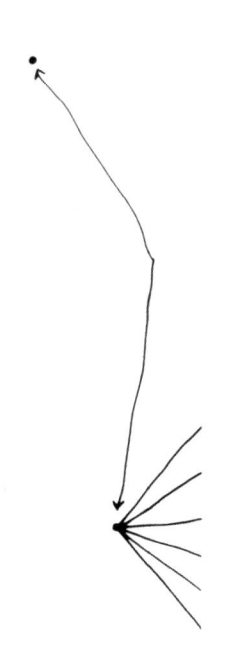

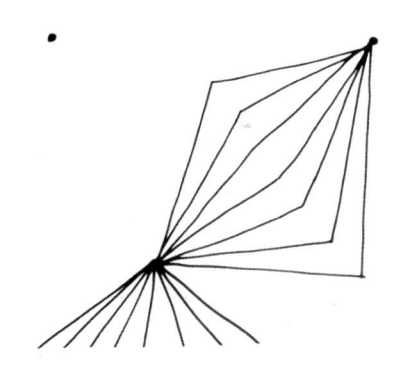

图4-25 练习五 —— 折线练习

71

图4-26 练习六——三角形练习（范例）

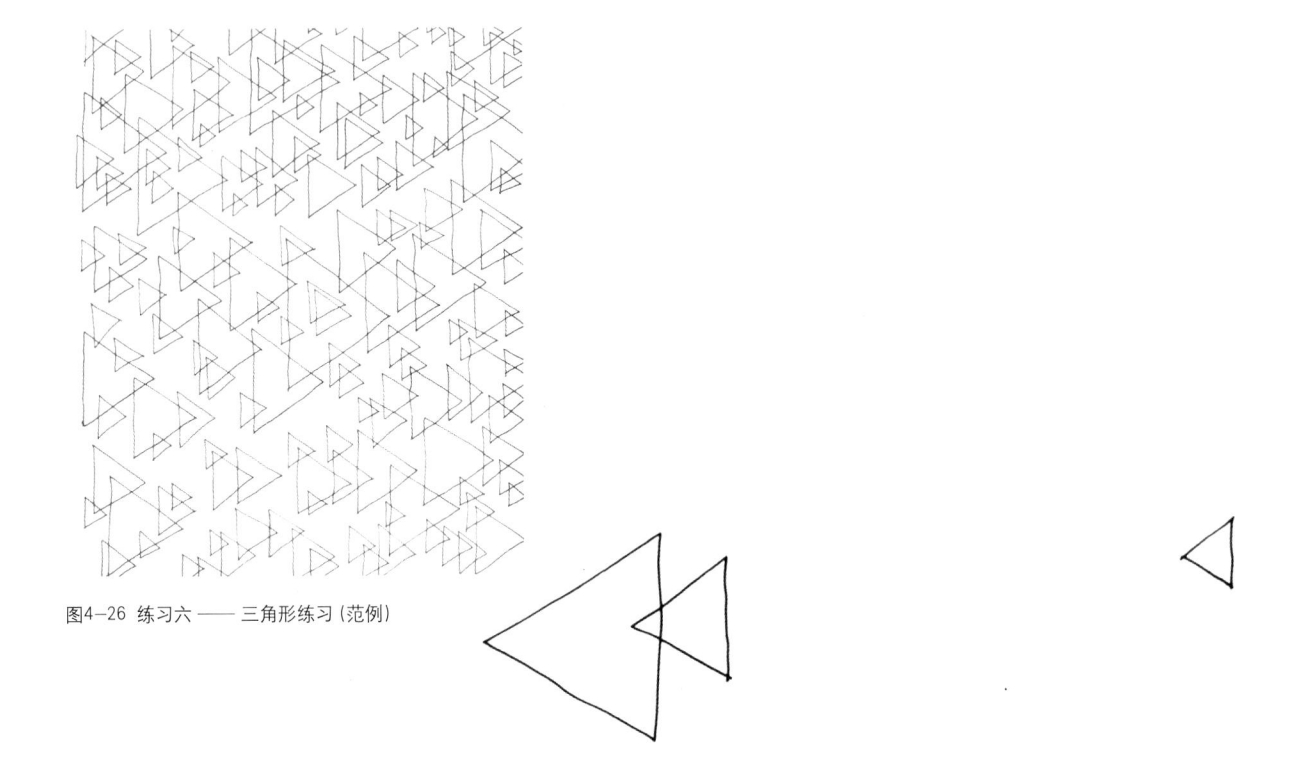

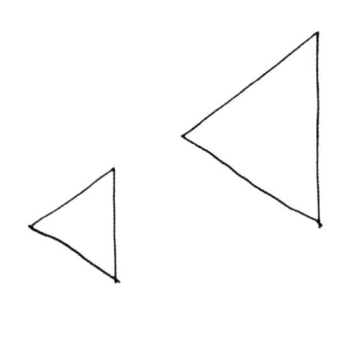

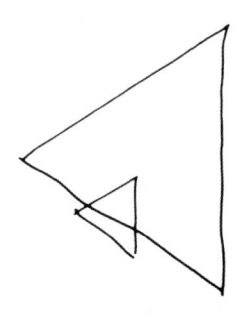

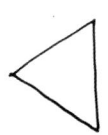

图4-27 练习六——三角形练习

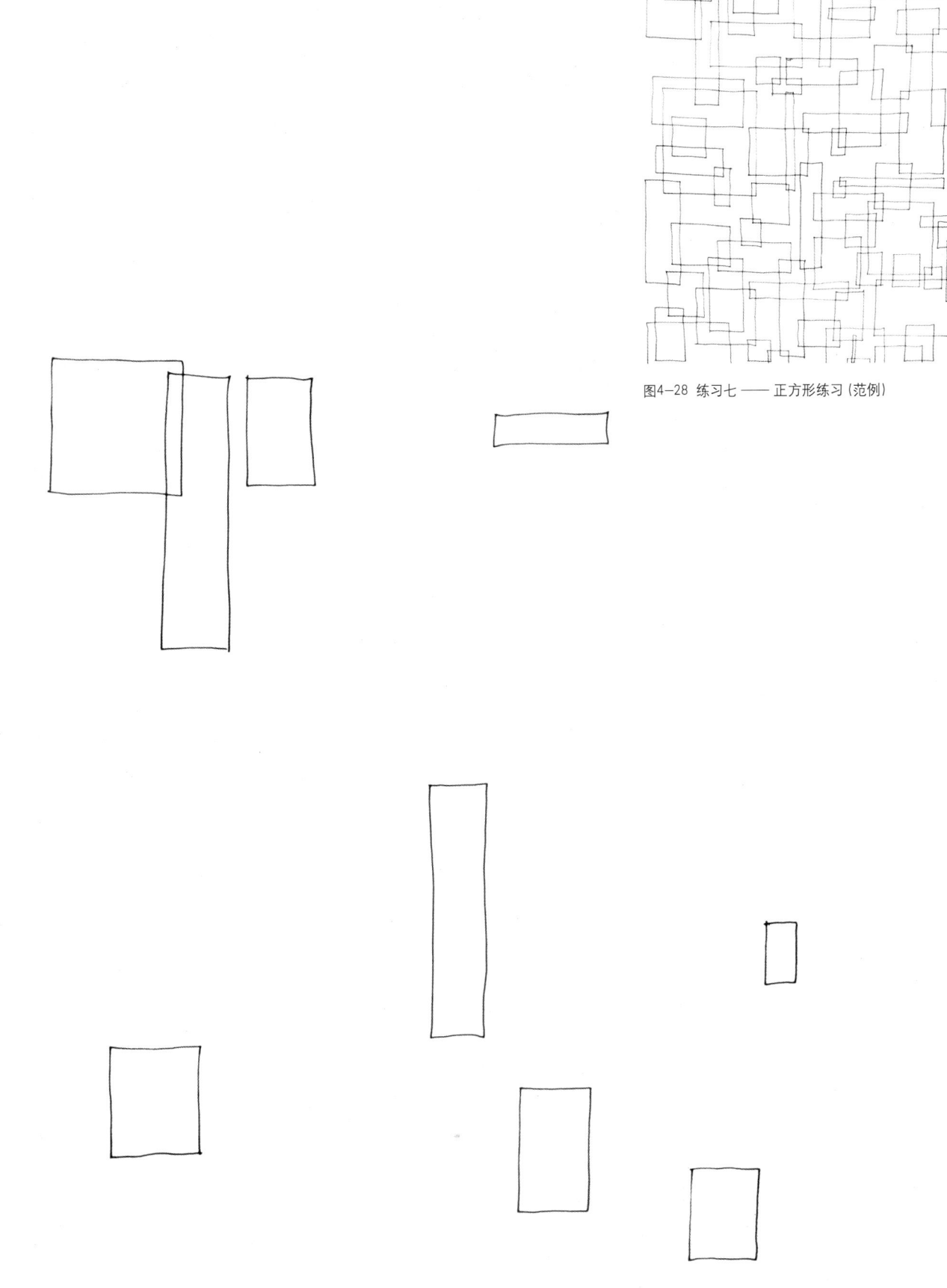

设计思维表达

第四章 设计思维表达的技能培养

图4-28 练习七 —— 正方形练习（范例）

图4-29 练习七 —— 正方形练习

73

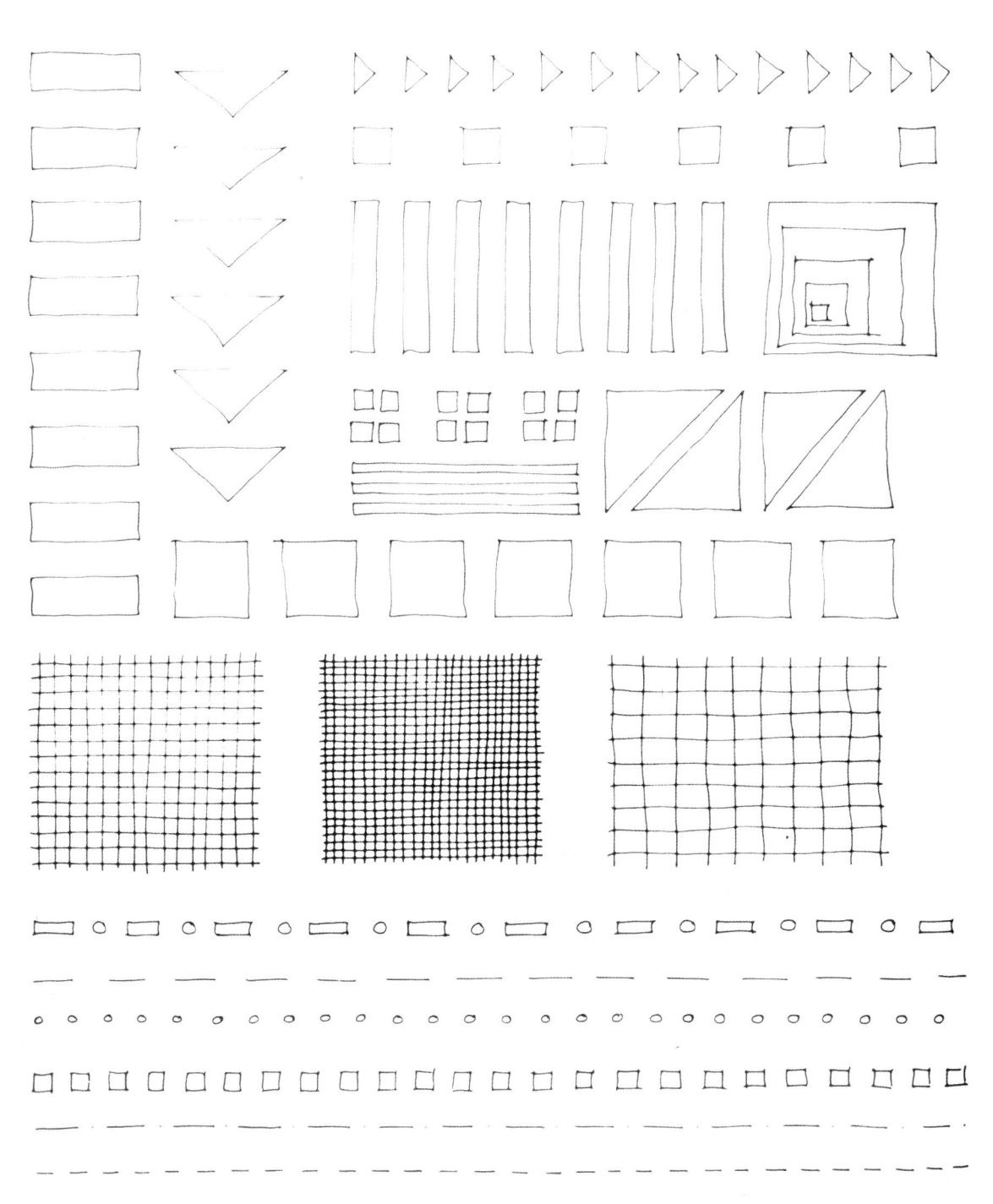

图4-30 练习八——多种几何形体及多种线型组合练习（范例）

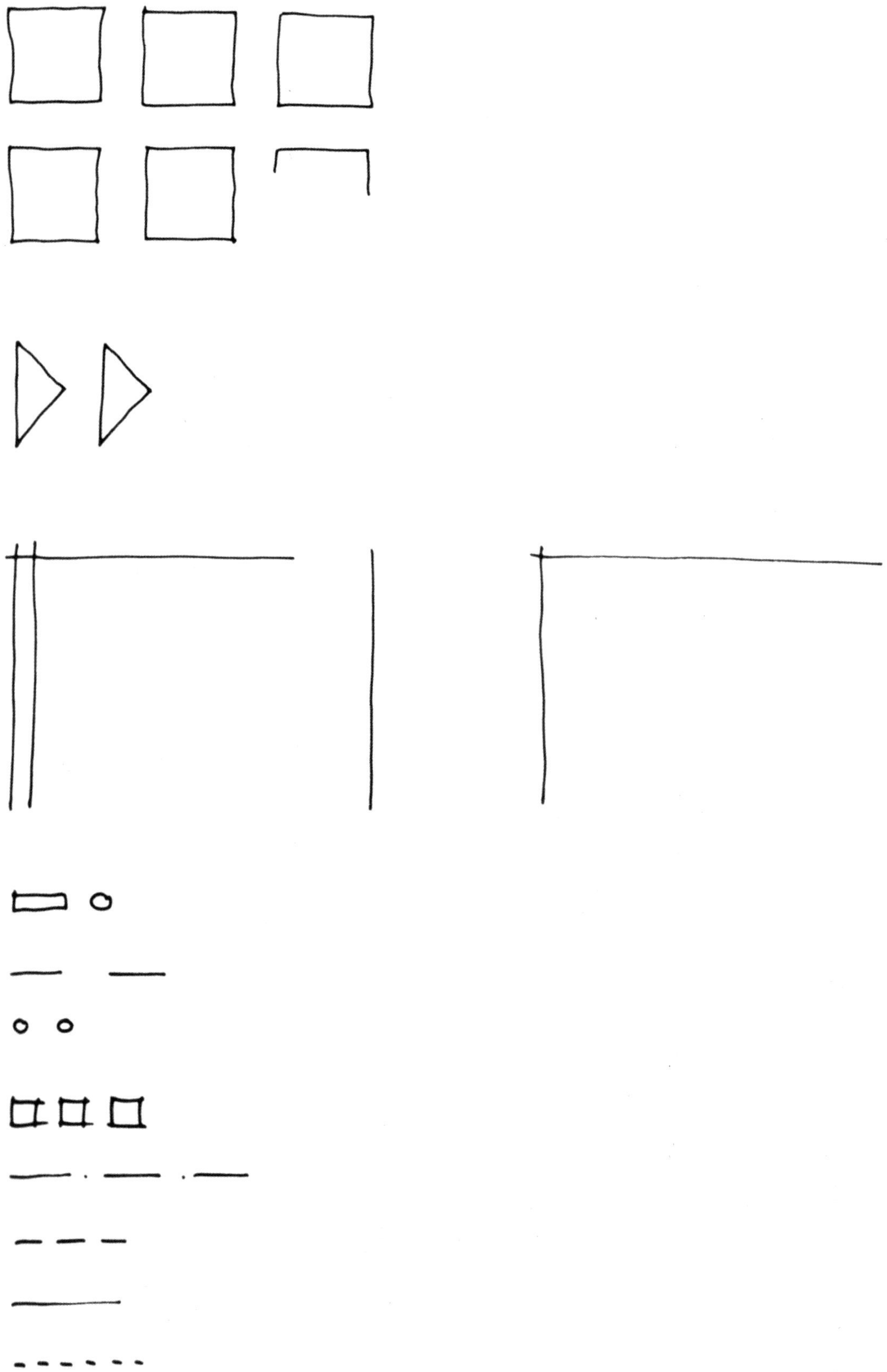

图4-31 练习八 —— 多种几何形体及多种线型组合练习

图4-32 练习九 —— 回形线练习(范例)

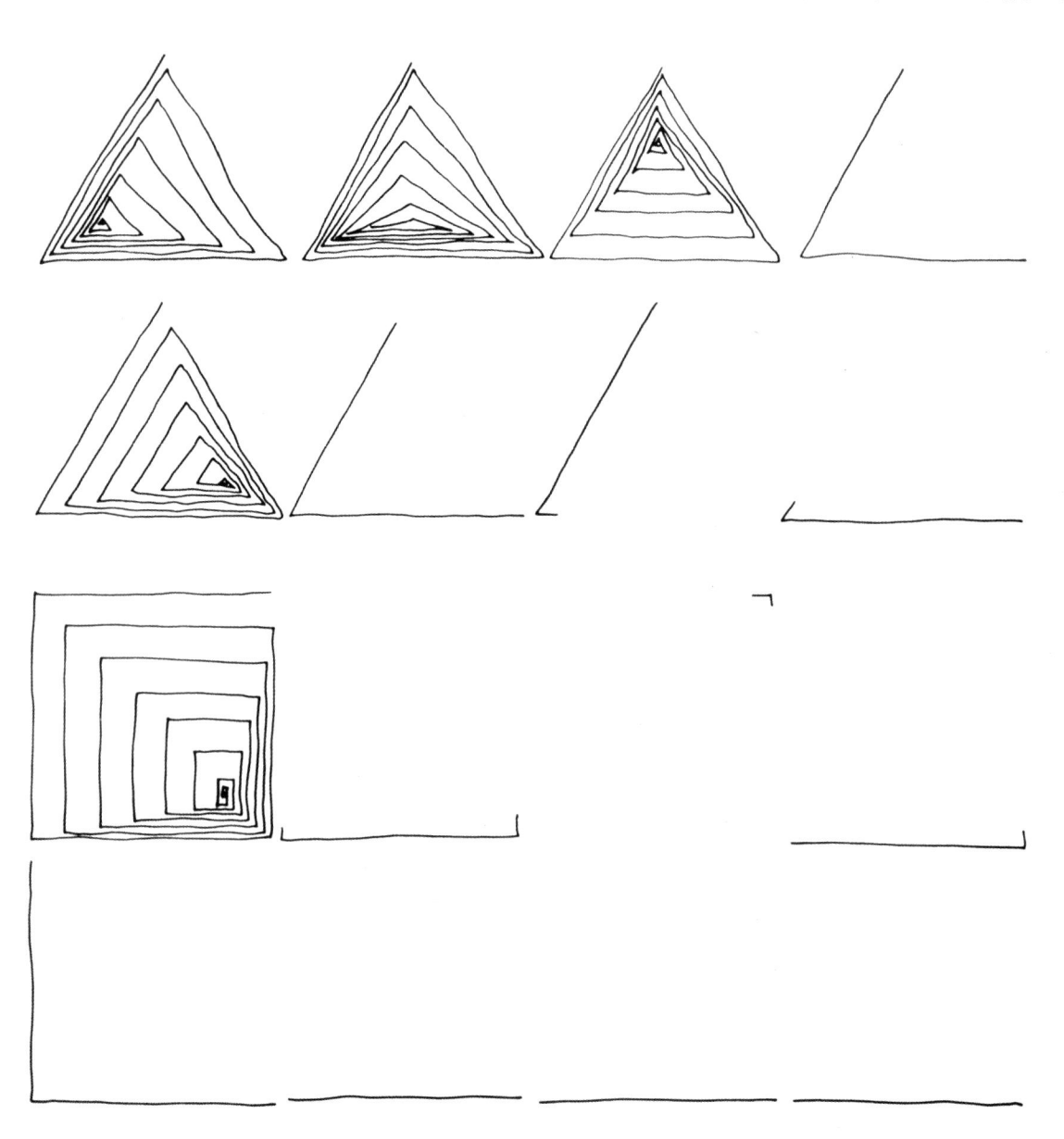

图4-33 练习九 —— 回形线练习

设计思维表达

第四章 设计思维表达的技能培养

图4-34 练习十 —— 曲线练习（范例）

图4-35 练习十 —— 曲线练习

77

/全国高等院校环境艺术设计专业规划教材/

图4-36 练习十一——曲线练习一（范例）

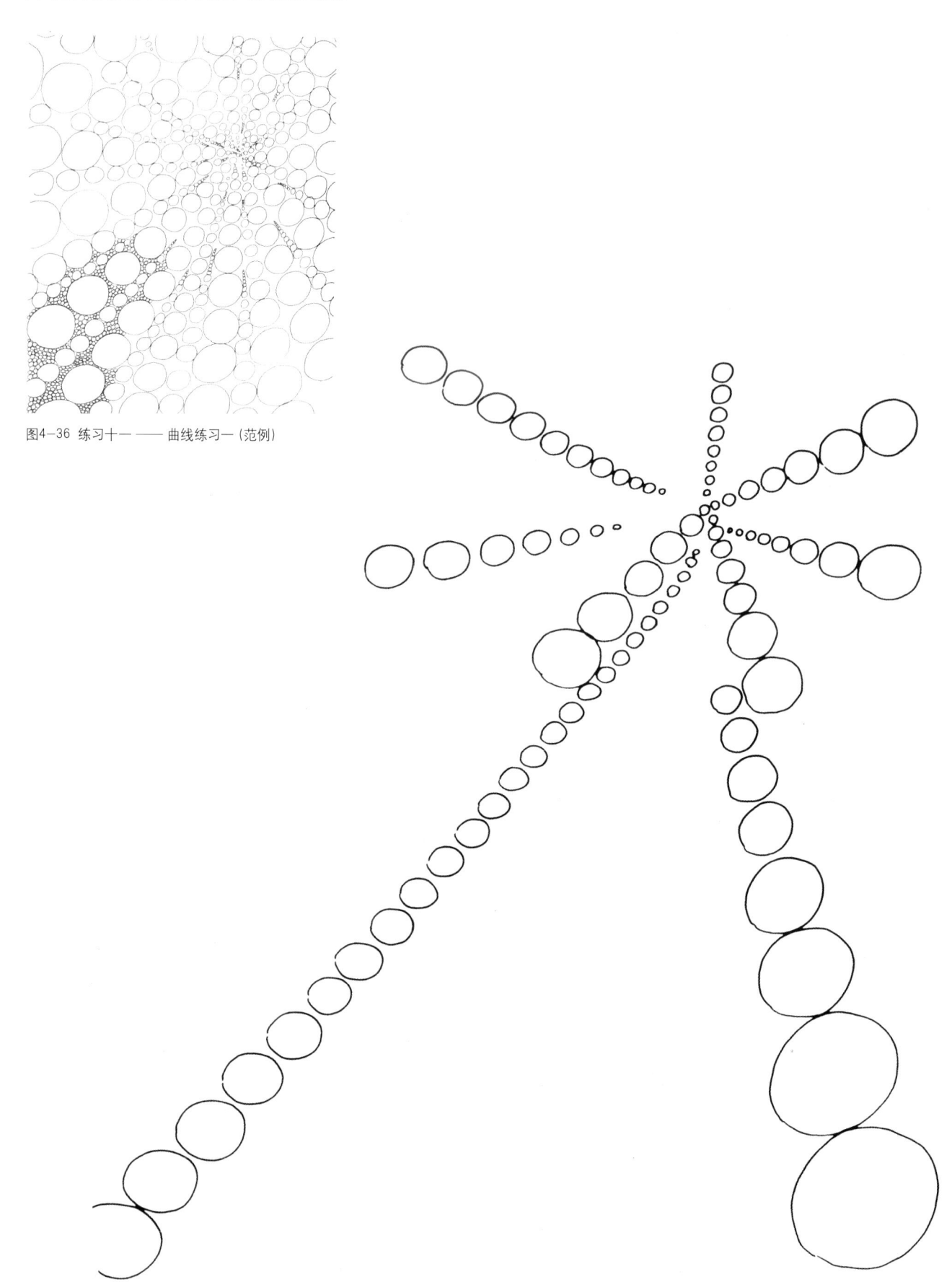

图4-37 练习十一——曲线练习一

设计思维表达

第四章 设计思维表达的技能培养

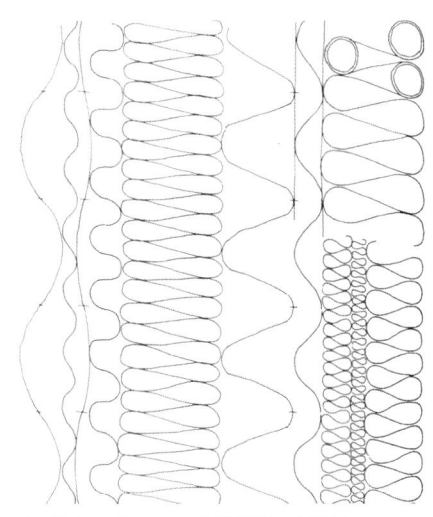

图4-38 练习十二 —— 曲线练习二（范例）

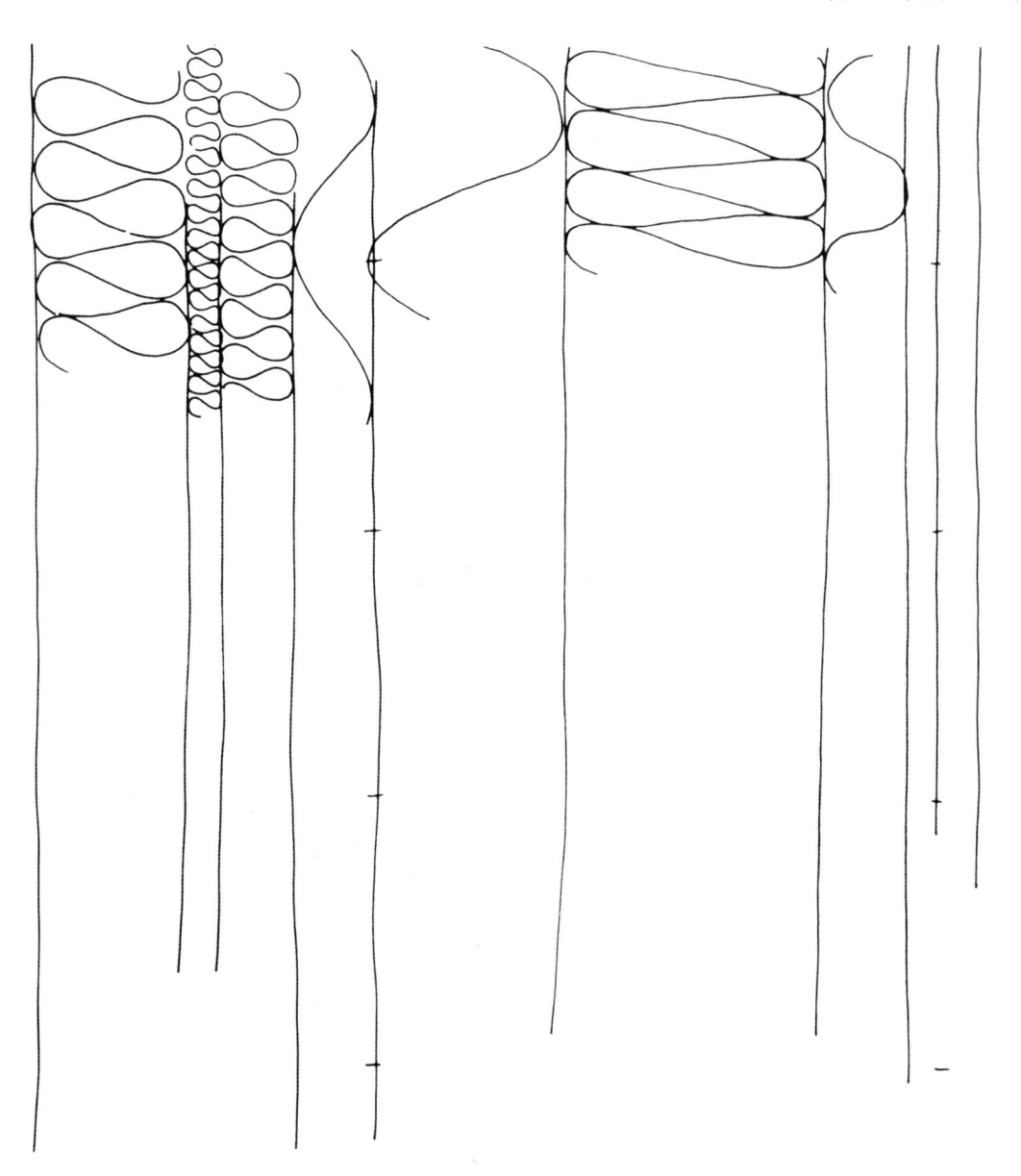

图4-39 练习十二 —— 曲线练习二

79

/全国高等院校环境艺术设计专业规划教材/

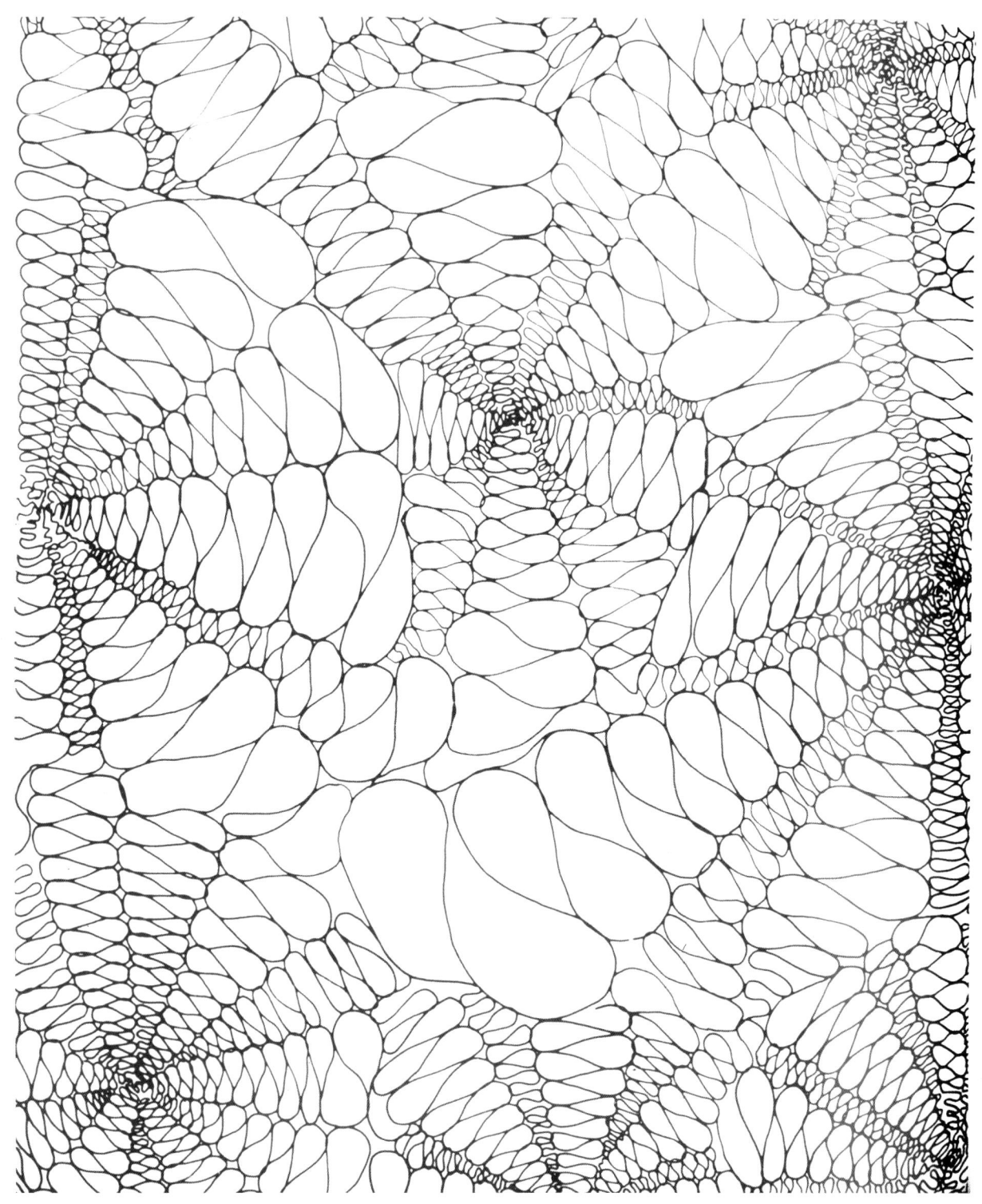

图4-40 练习十三 —— 曲线练习三（范例）

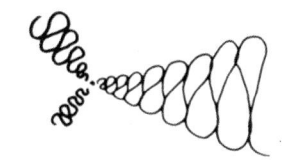

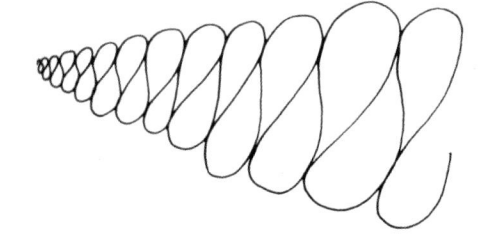

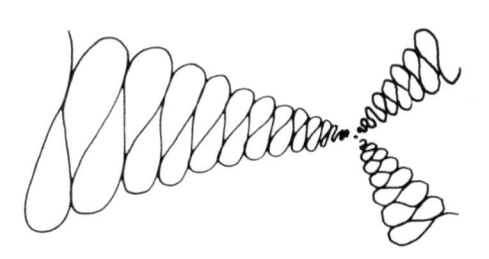

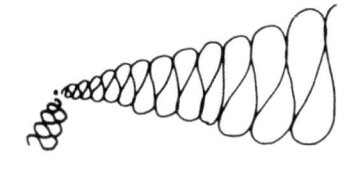

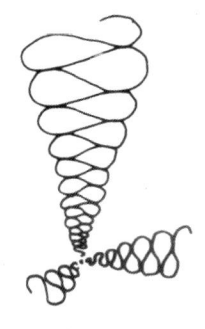

图4-41 练习十三 —— 曲线练习三

/全国高等院校环境艺术设计专业规划教材/

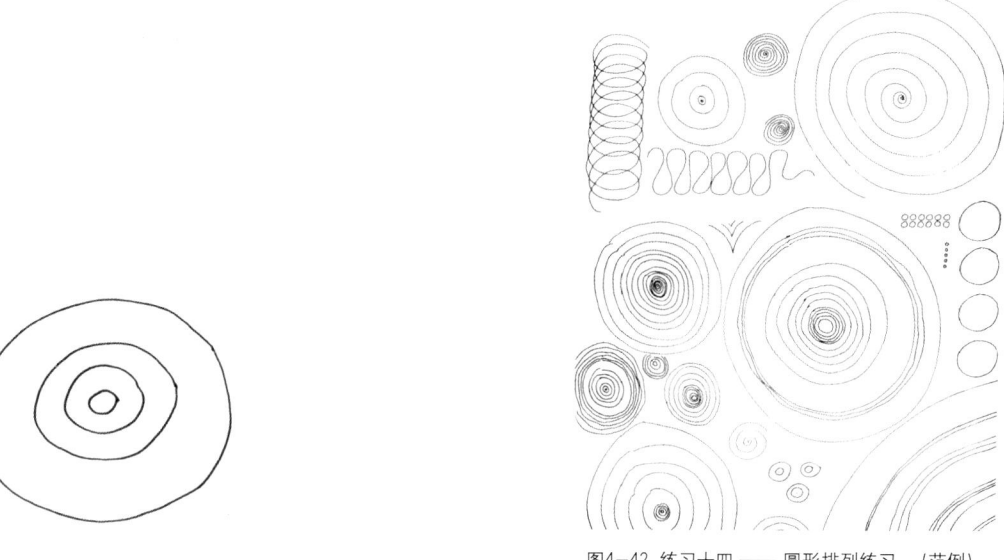

图4-42 练习十四 —— 圆形排列练习一（范例）

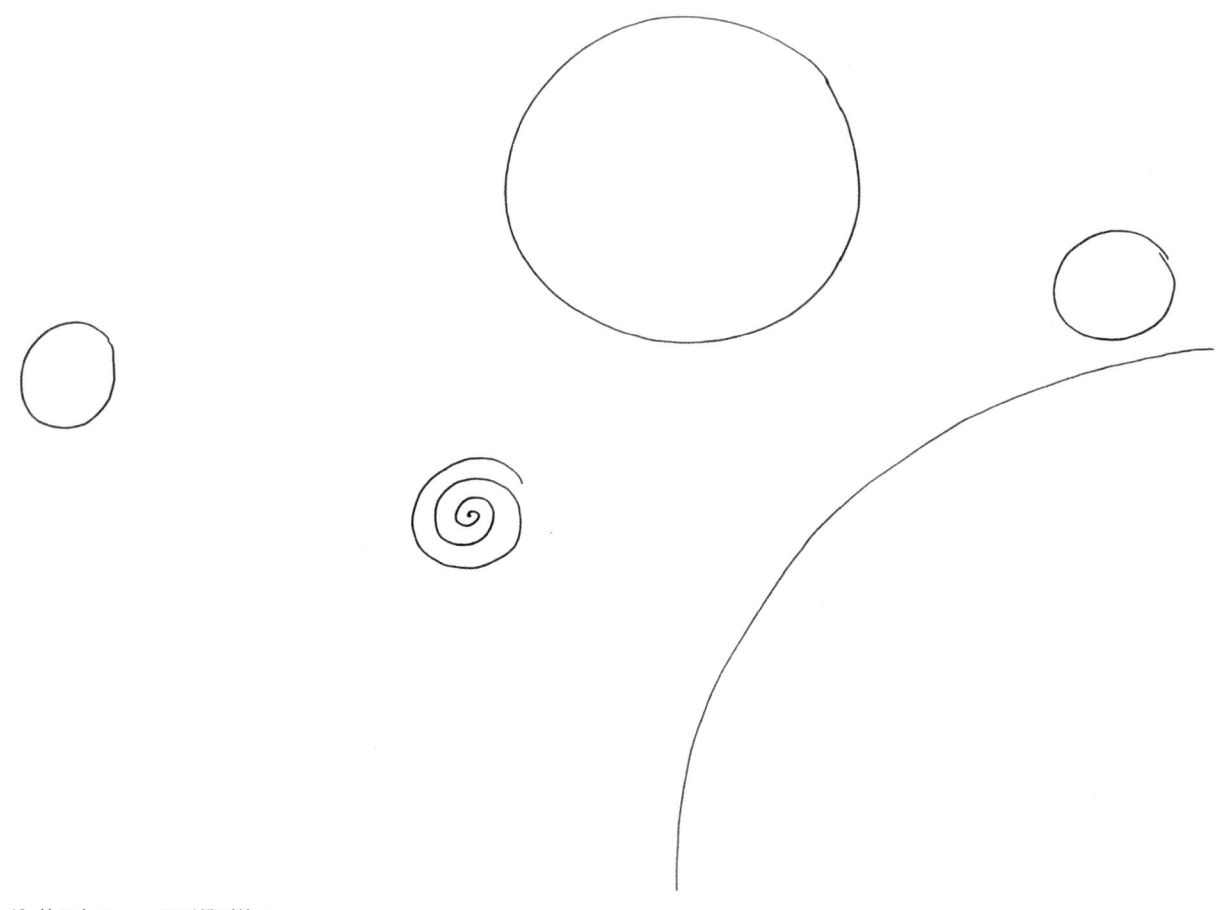

图4-43 练习十四 —— 圆形排列练习一

图4-44 练习十五 —— 圆形排列练习二（范例）

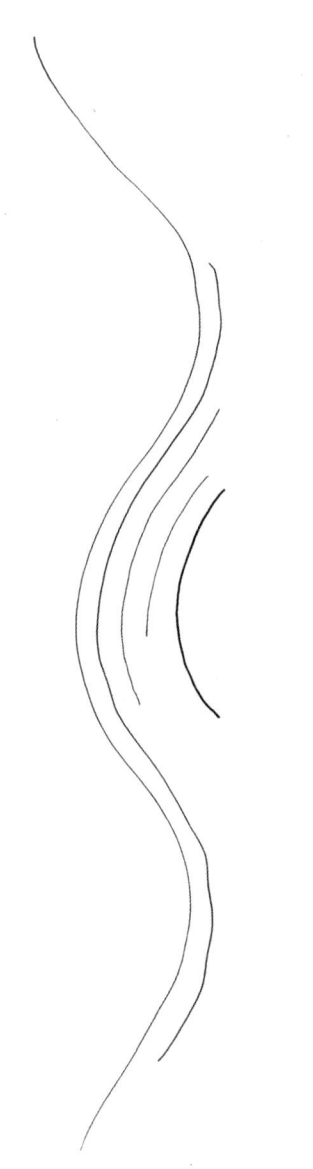

图4-45 练习十五 —— 圆形排列练习二

/全国高等院校环境艺术设计专业规划教材/

图4-46 练习十六 —— 圆形综合练习（范例）

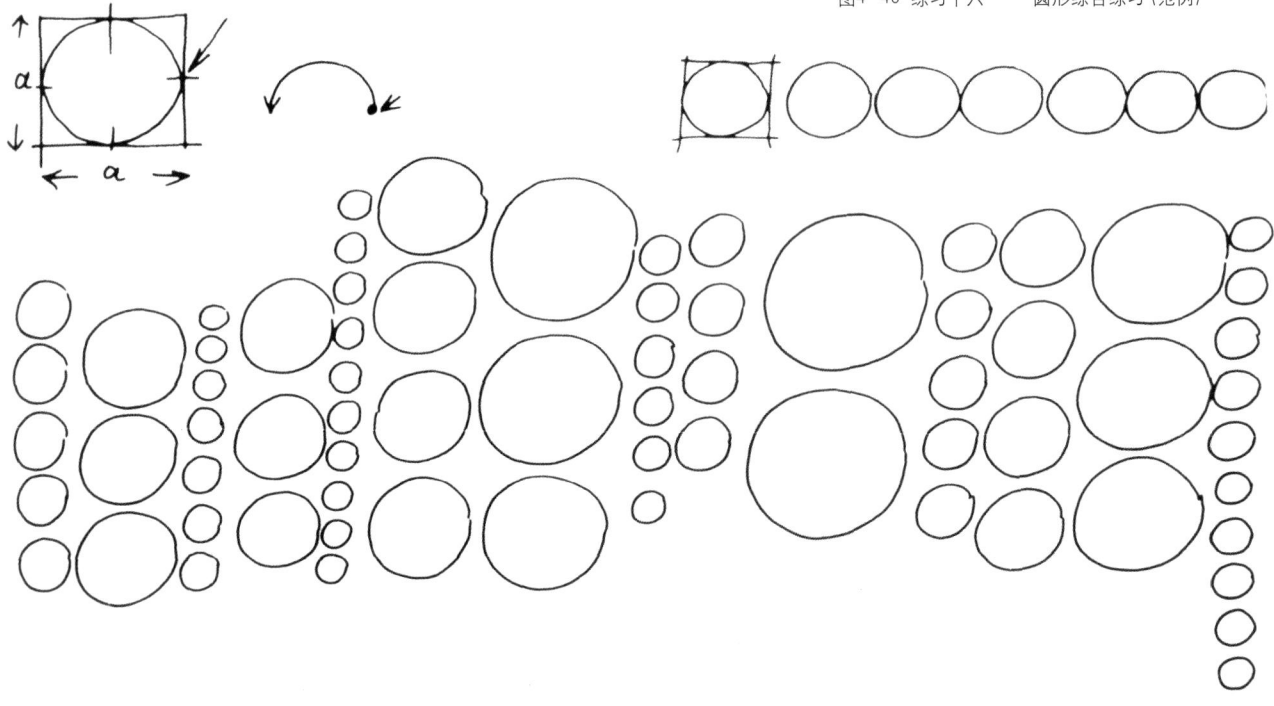

图4-47 练习十六 —— 圆形综合练习

设计思维表达

第四章 设计思维表达的技能培养

图4-48 练习十七——同心圆线练习（范例）

图4-49 练习十七——同心圆线练习

85

/全国高等院校环境艺术设计专业规划教材/

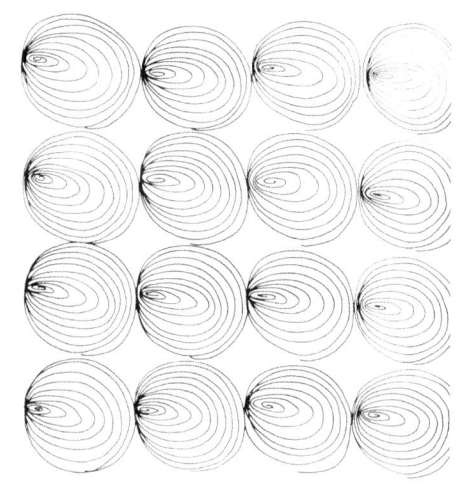

图4-50 练习十八 —— 相切圆线练习（范例）

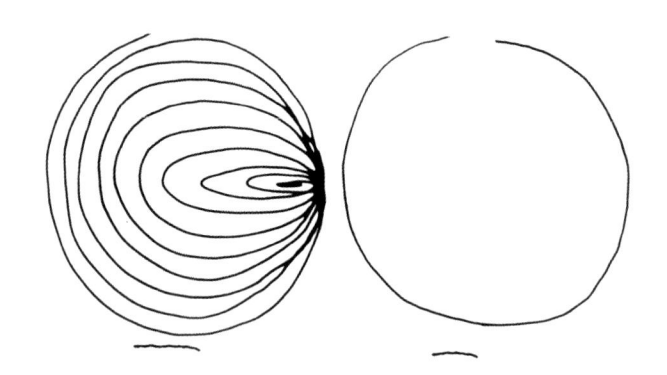

图4-51 练习十八 —— 相切圆线练习

设计思维表达

第四章 设计思维表达的技能培养

图4-52 练习十九 —— 自由线练习一(范例)

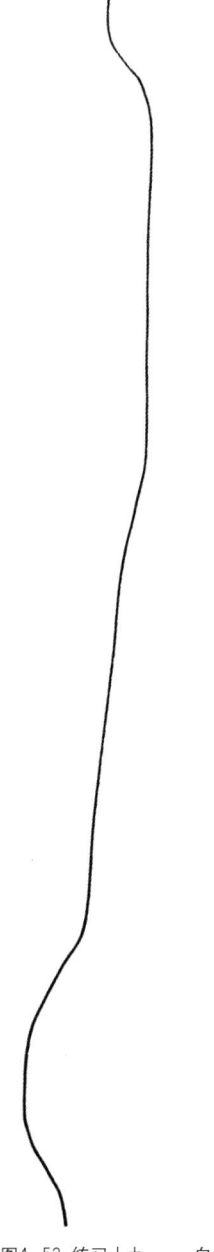

图4-53 练习十九 —— 自由线练习一

87

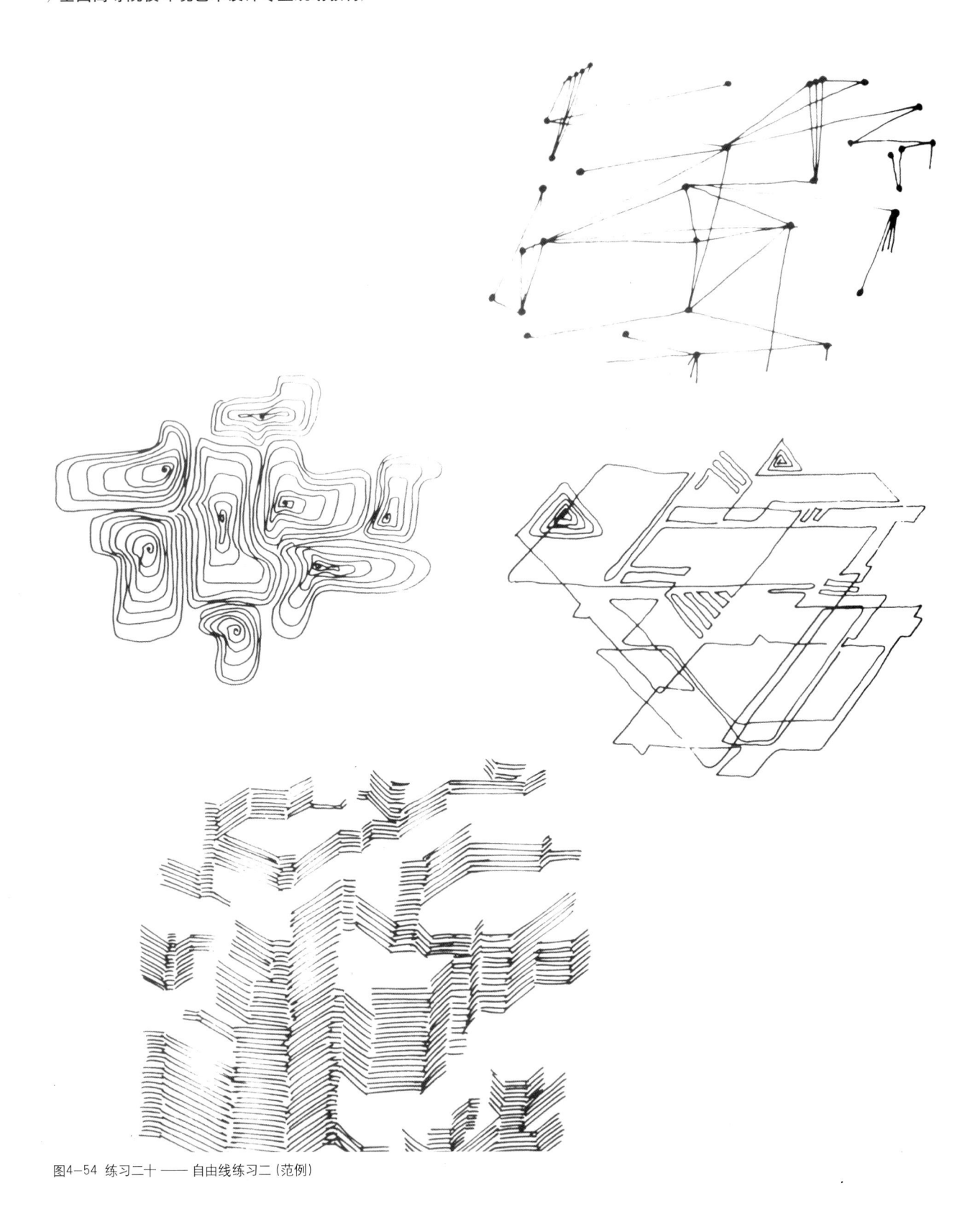

/全国高等院校环境艺术设计专业规划教材/

图4-54 练习二十 —— 自由线练习二（范例）

88

设计思维表达

第四章 设计思维表达的技能培养

图4-55 练习二十——自由线练习二

89

用轮廓线表现形体时，应注意表现物体的物理特征（图4-56）。物体的材质分光滑、粗糙、坚硬、柔软等，在表现的时候要加以区分，要有意识地去表现，如坚硬的物体用线必然要挺直一些，柔软的物体用线较为圆滑和飘逸（图4-57）。总之，要注意体会线条的特点和表现的方式。

2．明暗色调

线条的表达能力虽然非常强，但在强调物体的体积或形体感、空间关系、明暗关系和质感时，需要运用明暗色调才能达到特定的表现效果。

明暗色调的画法分调子法和排线法。

调子法通常采用铅笔或炭笔等软绘工具描绘，要点是将线条紧密地画在一起以形成细腻、流畅、均匀的各种层次。

图4-56 用轮廓线表现形体

图4-57 物体的材质表现

排线法通常以钢笔或其他墨水笔作为表现工具，要点是将线条排列成平行线条或交叉线条，用线条的疏密画出丰富的层次和强烈的黑白对比效果。排线还可以表现质感，通过不同形状线条的排列，可以创造出不同的质感。(图4-58、图4-59)

3. 基础原则

跟绘画一样，不同的人在做概念图解和设计草图时的经验及思考是不一样的，所以没有必要要求大家都用同样的标准来学习和表达，但是，应该掌握一些基本的原则：

(1) 勤于练习，重在理念

首先，应该坚信每个人都能画好图解和草图，虽然最初的画也许是拙劣的、幼稚的，但是只要善于抓住一切机会来练习，随着长期的努力，绘制的技能就能日益熟练。其次，图解和草图的目的是为了记录、分析方案及思路发展的过程，而不是最终的结果，所以表达的真实性远大于美观性，因此，只要能从图解和草图中读懂设计意图即可（图4-60、图4-61）。当然，如果能在读懂设计意图的同时，也能通过图形得到美的享受，将会使设计的过程变得更加愉悦。

(2) 概括简练，逻辑清晰

在画设计草图时造型可以概括一些，甚至抽象一点，不必求完整性，但求创造性、明晰性与逻辑性，重要的是能够表达设计意图。在这一点上，我们可以多关注和学习卡通画的画法，培养敏锐的观察力和艺术概括能力，在表达设计理念时既简练，又能将事物的主要特征抽象出来（图4-62）。

图4-58 明暗调子的排线法

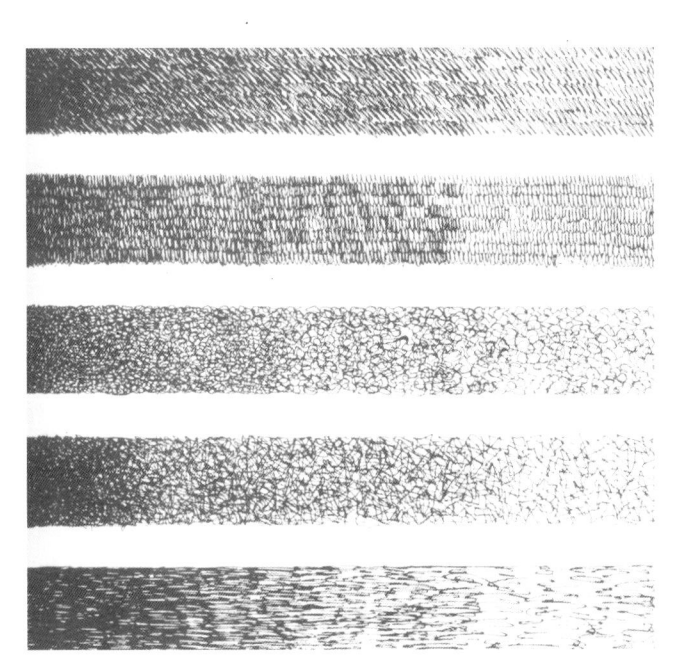

图4-59 运用明暗调子的排线法可以创造不同的质感

图4-60 草图

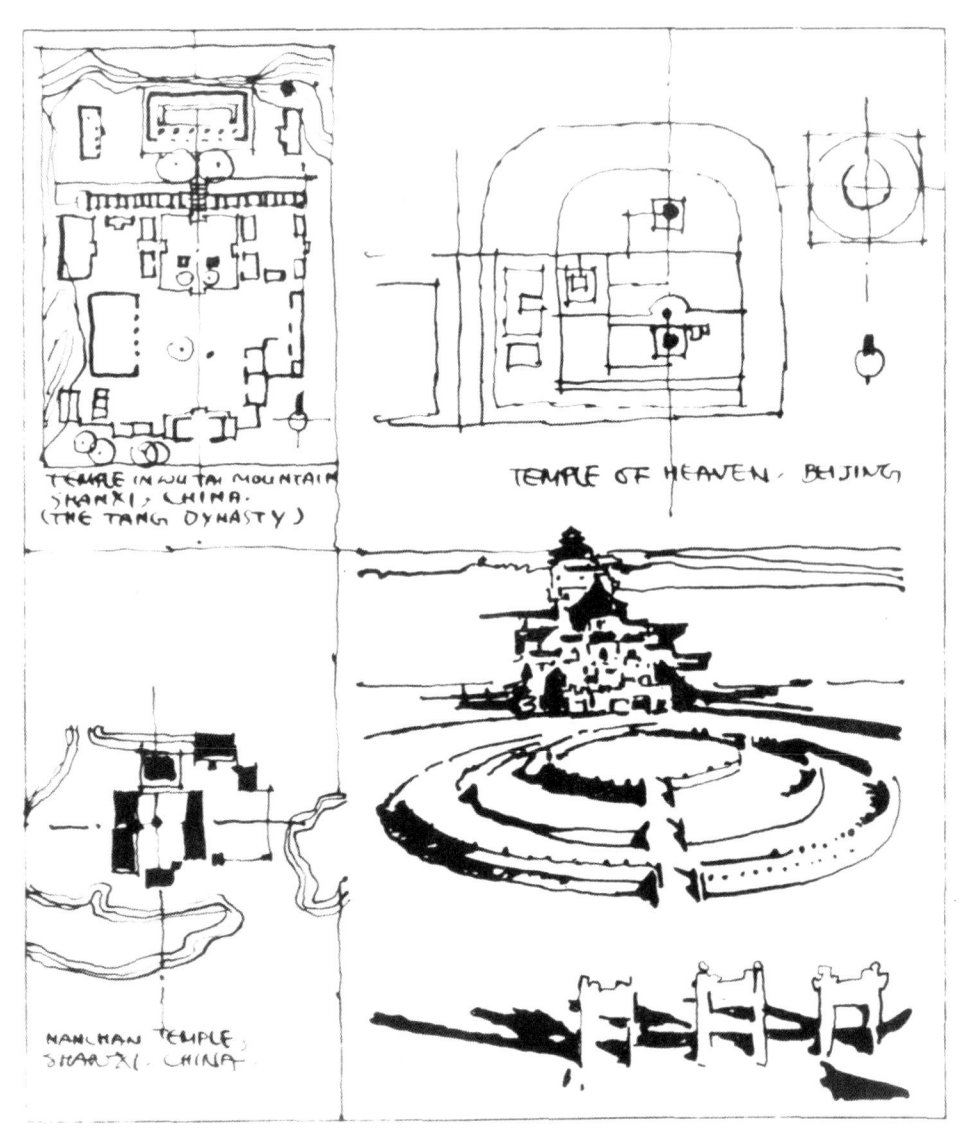

图4-61 图解和草图

詹姆士·斯特林创作手稿

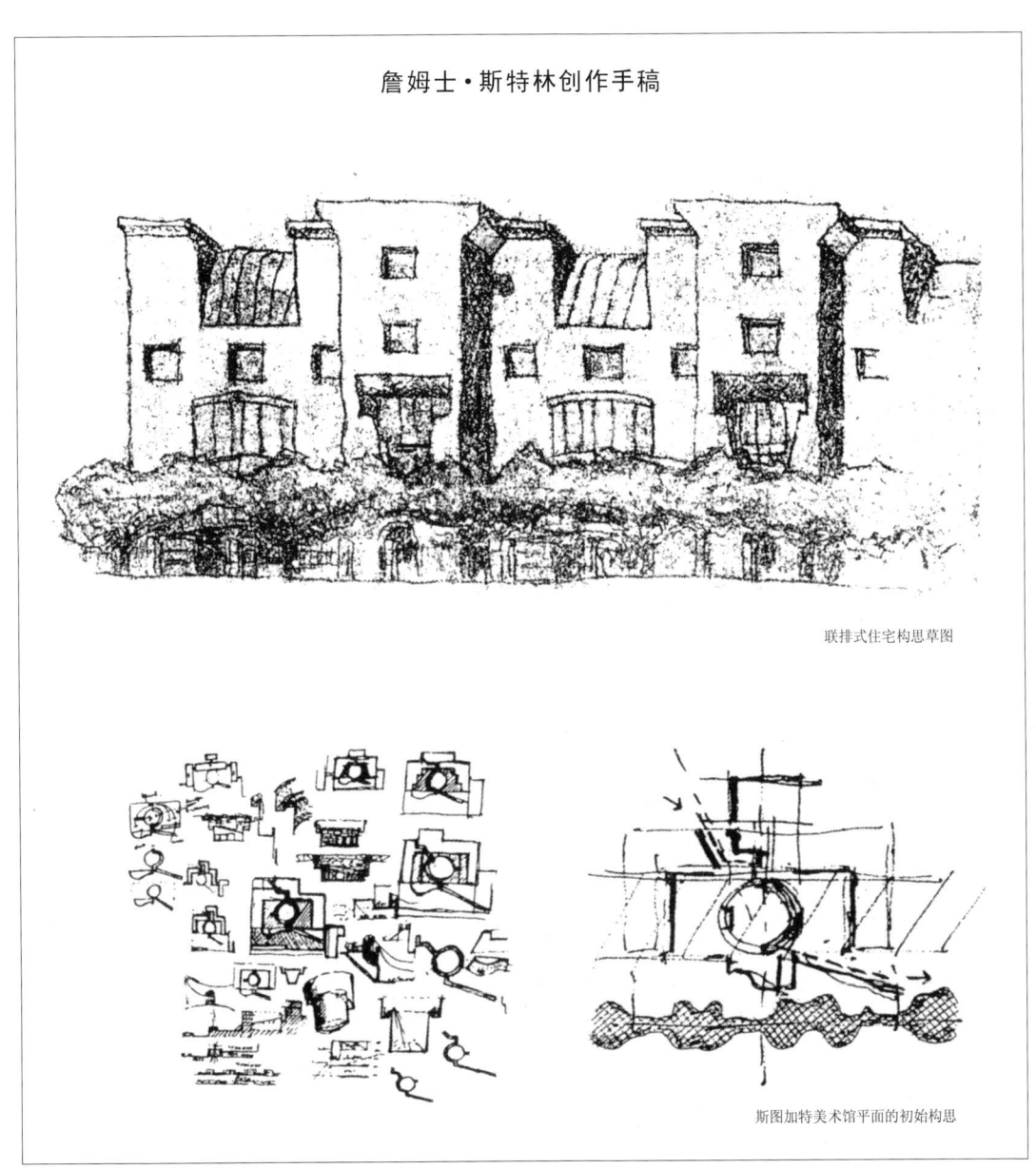

联排式住宅构思草图

斯图加特美术馆平面的初始构思

图4-62 图解应将事物的特征抽象出来

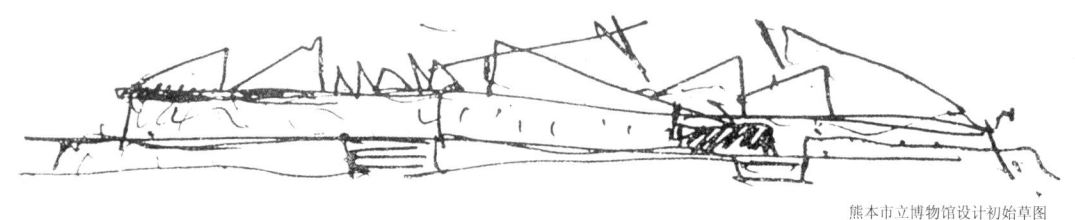

图4-63 无拘无束的草图才能真实地传达设计师的直觉和灵感

熊本市立博物馆设计初始草图

图4-64 卡通画般的草图

(3) 大胆肯定，无拘无束

为了获得效果良好的草图，用笔应该轻快松弛、大胆肯定，无拘无束的设计草图才能真实地传达设计师的直觉和灵感（图4-63~图4-65）。草图的创作过程应该是愉快的，不要求其成为一幅面面俱到的完整的作品。所以，设计师可以无拘无束地随意描画，勾勒出各种各样的草图，让直觉和灵感得以记录和保存，并可随心所欲地反馈，也便于把草图的种种形象集中起来加以比较，由此可取得进一步的深化设计。

(4) 个性鲜明，综合修养

通过观察设计师的草图笔记，我们不难发现设计草图具有鲜明的个人风格，但是这种风格的形成不是一蹴而就的，需要扎实的基本功及大脑与手高度的协调能力。此外，设计师的设计草图除了表达设计思想外，还体现出设计师的综合修养，我们常说的"画如其人"就是这个意思。在关注设计本身的同时，我们还应加强文学、艺术包括品德等多方面的修养，最终才能在设计品位和表达上达到更高的境界。（图4-66、图4-67）

总之，在设计思维表达的过程中，设计思想始终是放在首位的，而技巧只是表达的一种手段。只有通过长期的训练和实践，我们才能将表达技巧与设计思维转化为"二位一体"的设计方法，从而帮助我们在设计的创造之路上顺利前行。

设计思维表达

第四章 设计思维表达的技能培养

图4-65 轻松的草图

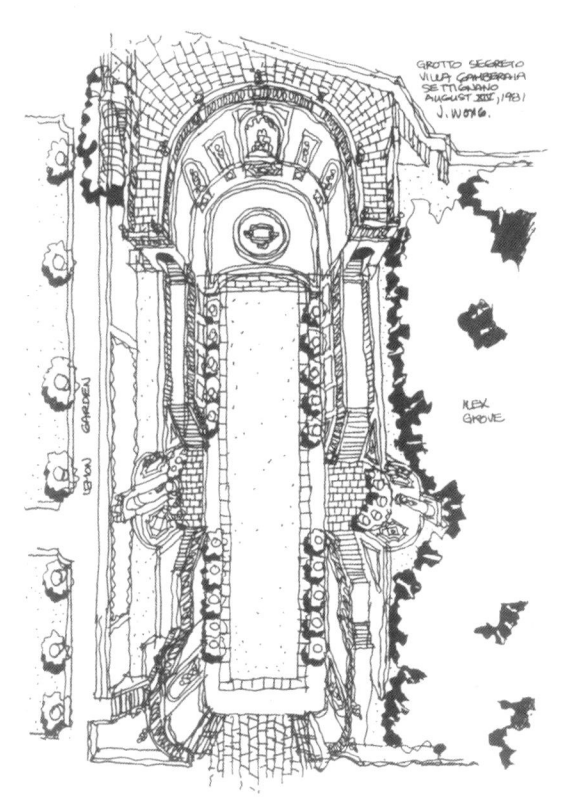

图4-67 特殊角度的观察与表达

图4-66 个性鲜明的表达技法

95

二、应用训练

(一) 阶段一——观察

1. 训练要点

要点一：

从使用者的角度观察对象——培养以人为本的设计原则思想。

要点二：

从全面的角度观察对象——培养从整体到局部的完整观察的能力。

要点三：

从特殊的角度观察对象——培养设计师独特的设计思维，引发独特的设计理念。

2. 训练

训练一：

选一个你想描绘的景色，先观察片刻，设法记住它。迅速转身并画出你记得的每样东西。再转身面对景色，看一看你漏掉了什么，然后改正原图。继续重复这一过程，直至你完成该景色为止。

训练二 (图4-68~图4-71)：

根据给出的场景，选择并扮演不同的角色，以不同的身

图4-68 观察训练——给出的场景

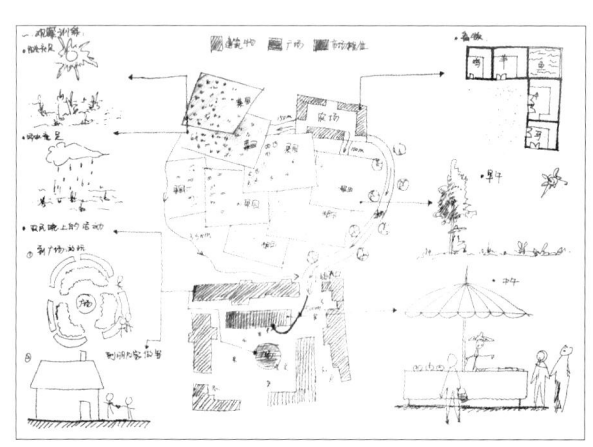

图4-69 作为农民身份的观察表达　四川美术学院　匡陵青 绘

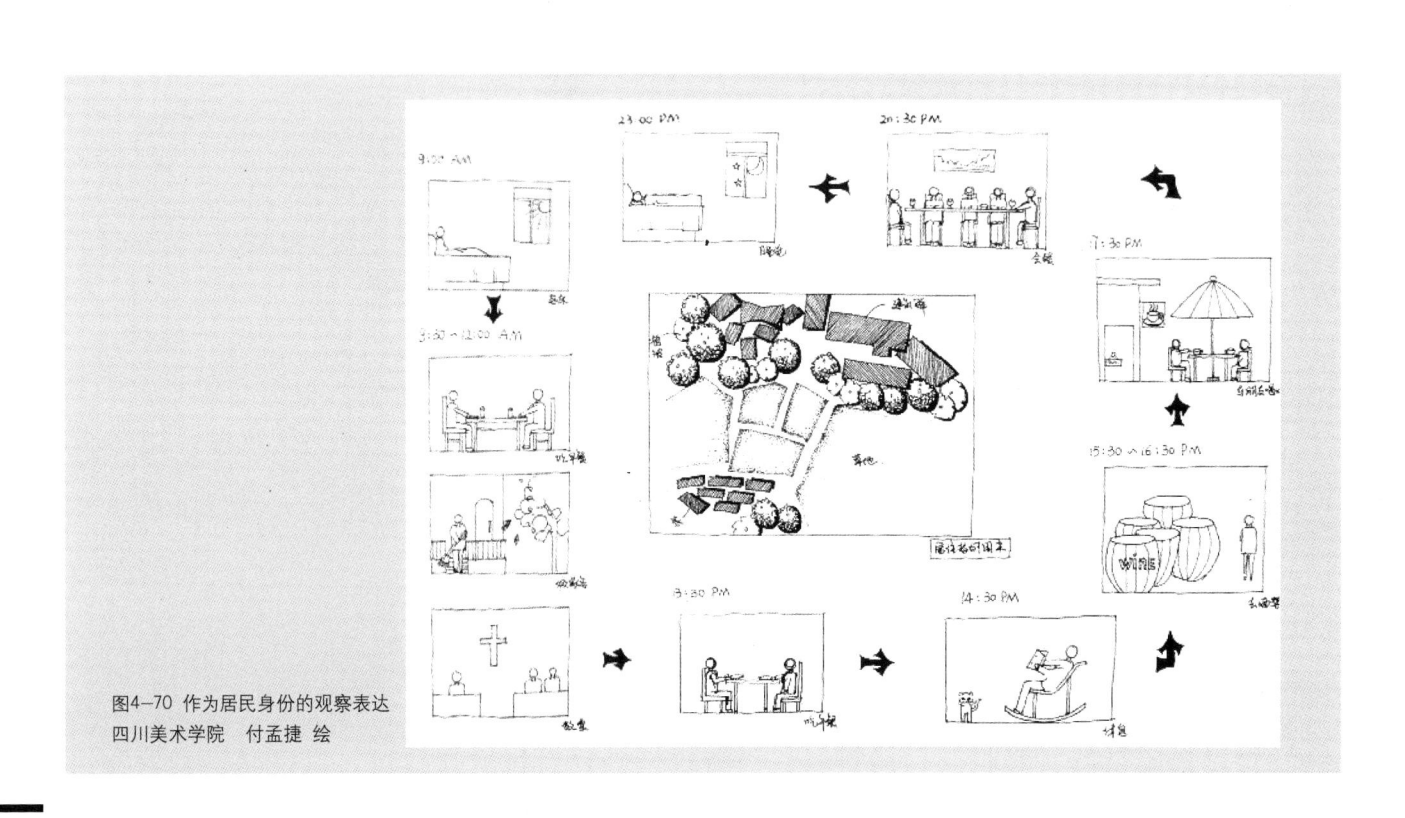

图4-70 作为居民身份的观察表达
四川美术学院　付孟捷 绘

图4-71 作为旅行者身份的观察表达　四川美术学院　付孟捷 绘

份（居民/农民/植物学家/旅行者/教徒/商人/建筑师等）观察场景并描绘场景所展示的相关信息。

（二）阶段二——记录

1. 训练要点

要点一：

参照事物，原样记录——培养观察并描绘事物的快速和准确的能力。

要点二：

根据记忆记录描绘事物——培养抓住事物主要特征及快速记忆的能力。

要点三：

根据事物的内在联系记录描绘事物——培养分析事物的内在关系及结构的能力，以及再创造的能力。

2. 训练

训练一：

参照所展示的图片（图4-72~图4-74），分别用5分钟记录所观察到的信息，根据原样画出平面图及立面图。

训练二：

观察所展示的图片（图4-75、图4-76）3分钟，然后根据记忆记录图片所展示的信息，根据原样画出平面图及立面图。

训练三：

观察所展示的系列图片（图4-77、图4-78）8分钟，然后根据记忆抽取图片的内在逻辑关系，记录并重组再创造。

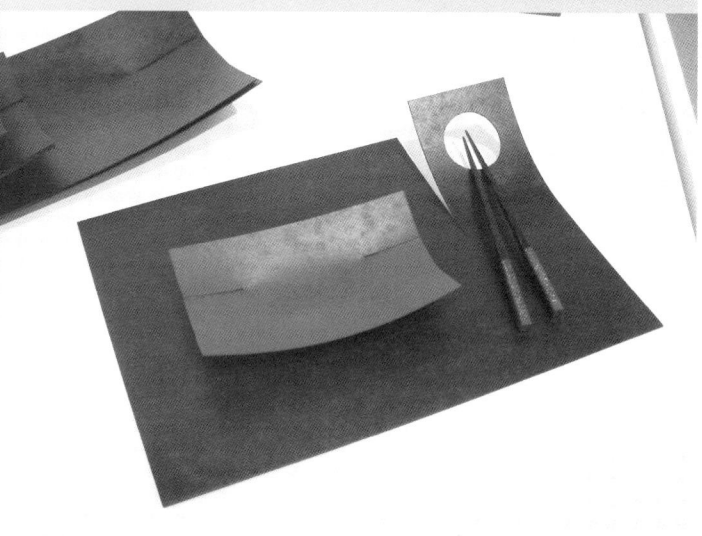

/全国高等院校环境艺术设计专业规划教材/

图4-72 记录训练1 景观
图4-73 记录训练1 家具
图4-74 记录训练1 器具

设计思维表达

第四章 设计思维表达的技能培养

图4-75 记录训练2
根据记忆记录图片信息

图4-76 记录训练2 根据记忆记录图片信息

99

图4-77 记录训练3 根据记忆抽取图片的内在逻辑关系并记录

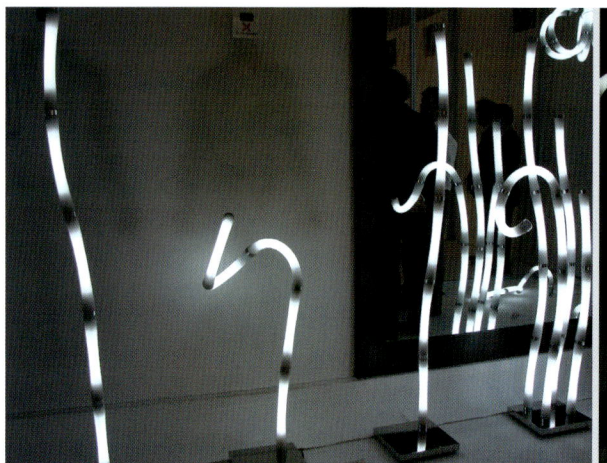

图4-78 记录训练3 根据记忆抽取图片的内在逻辑关系并重组再创造

（三）阶段三——分析

1. 训练要点

要点一：

整体环境分析（气象气候、地形地貌、人文风情、建筑布局等）。

要点二：

空间组织分析（空间大小、功能流线、组织布局等）。

要点三：

造型意向分析（外观形态、空间形态等）。

2. 训练

观察不同类型的优秀案例，并对之作出分析。

训练一：

根据给出的建筑环境，对其整体环境作出分析（图4-79，图4-80）。

训练二：

根据给出的办公空间，对其进行空间组织分析。

训练三：

根据给出的建筑及室内空间，对其进行造型意向分析。

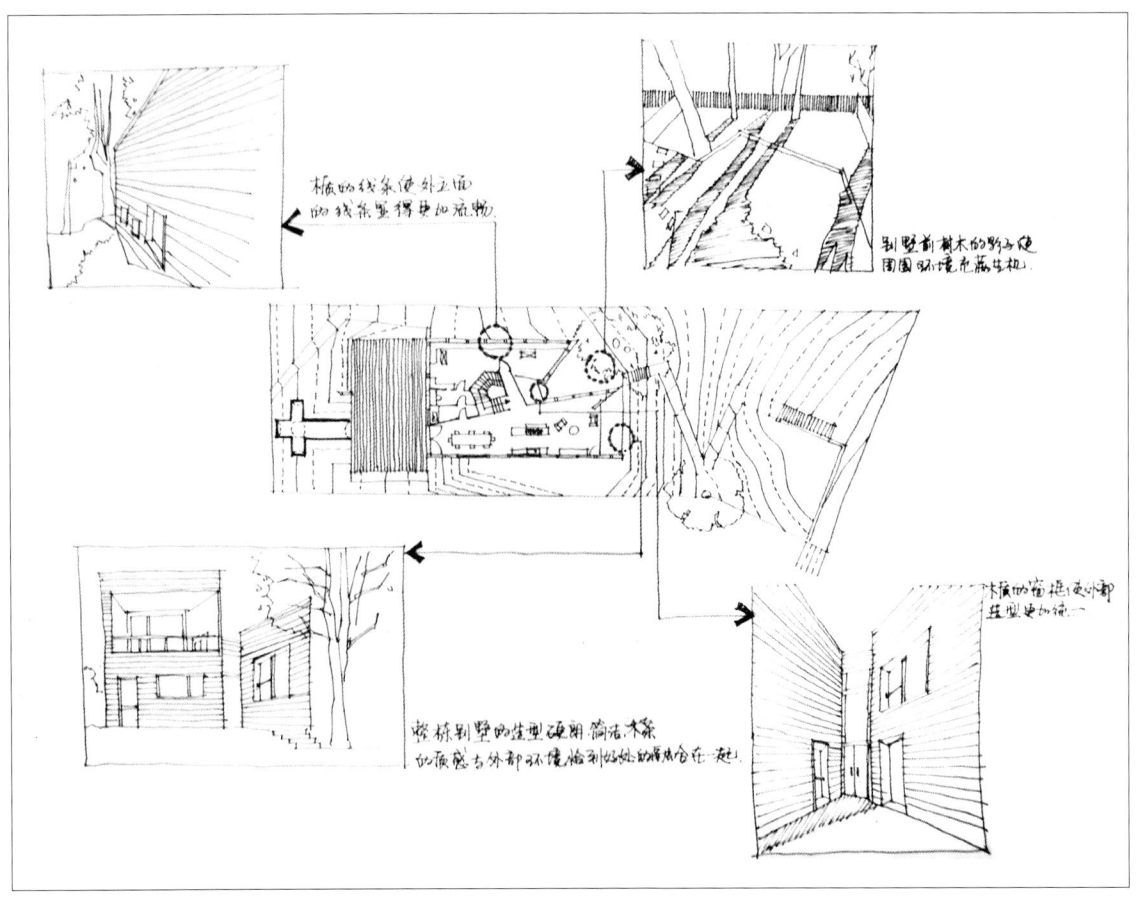

图4-79 分析训练1 对建筑环境的总体分析　四川美术学院　陈斌 绘

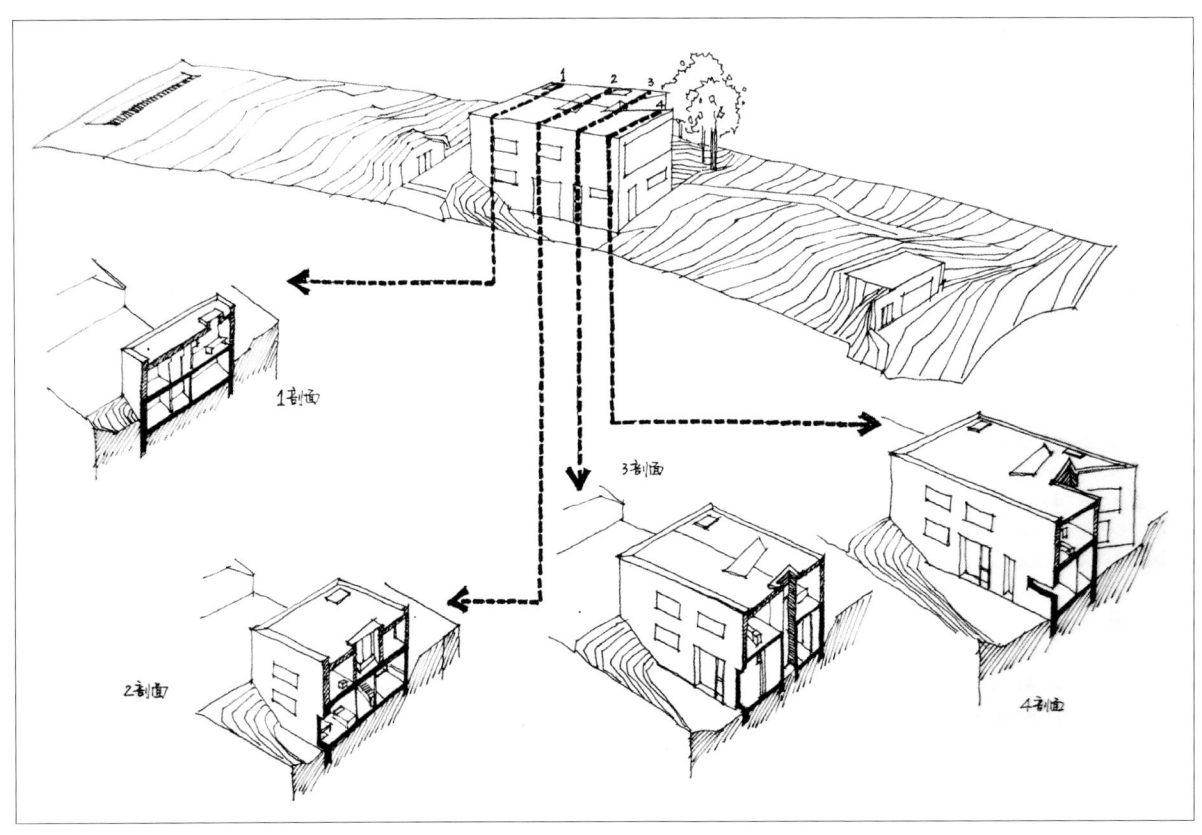

图4-80 分析训练1 对建筑环境的总体分析　四川美术学院　陈斌 绘

（四）阶段四——思考

1. 训练要点

要点一：

空间想象力及创造力训练。

要点二：

形态想象力及创造力训练——联想、抽象、再创。

2. 训练

训练一：

给出二维平面，做出不同的三维空间造型。

训练二：

做出三个不同的立方体，并将之进行不同组合。

训练三：

根据给出的图片，分别进行联想、抽象和再创练习。（图4-81~图4-84）

（五）阶段五——交流

1. 训练要点

要点一：

用图形语言的方式对话——培养图解图说能力。

要点二：

用图形语言方式进行设计交流——培养专业的表达法和专业的表达逻辑。

2. 训练

训练一：用绘画来对话

在这项练习中，小组人员须保持沉默30分钟。小组人员在不受干扰的房间内分成几对，每个人要在20厘米×20厘米的卡片上画出自己的想法，不得使用文字。5分钟后，与同伴交换卡片。随之在另一张20厘米×20厘米的卡片上描述你的感受，对同伴的画作出应答，不得使用文字。继续利用绘画进行对话，每隔5分钟交换一次卡片。半小时后停止，举起卡片，让参与者把通过卡片进行的会话凑在一起，看他们是否领会得正确。

训练二：

将设计方案相互交换，双方共同完成方案

图4-81 针对给出的场景进行图形联想

图4-82 针对该场景的图形进行抽象练习
四川美术学院　赵晨晨　绘

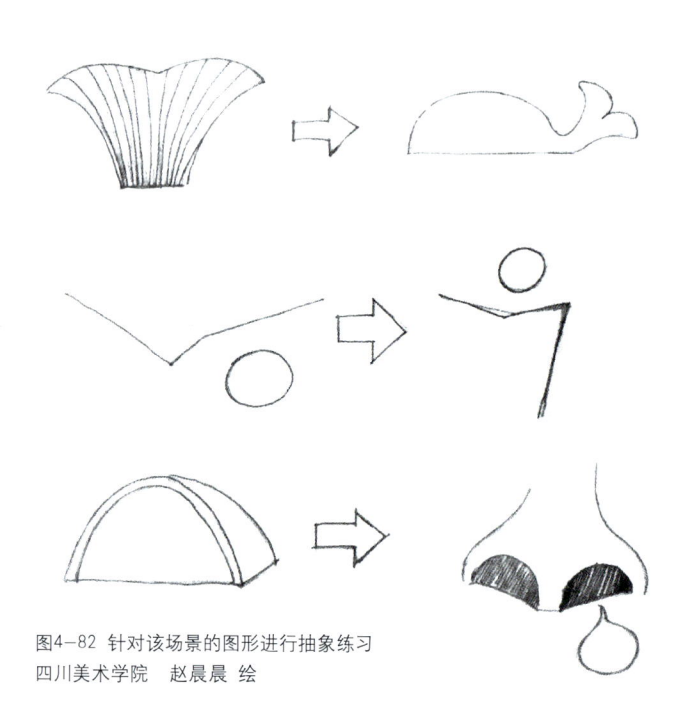

图4-83 针对给出的场景进行联想

抽 象　　　　　　　　　　　　　　再 创

图4-84 针对该场景的抽象与再创　四川美术学院　赵晨晨 绘

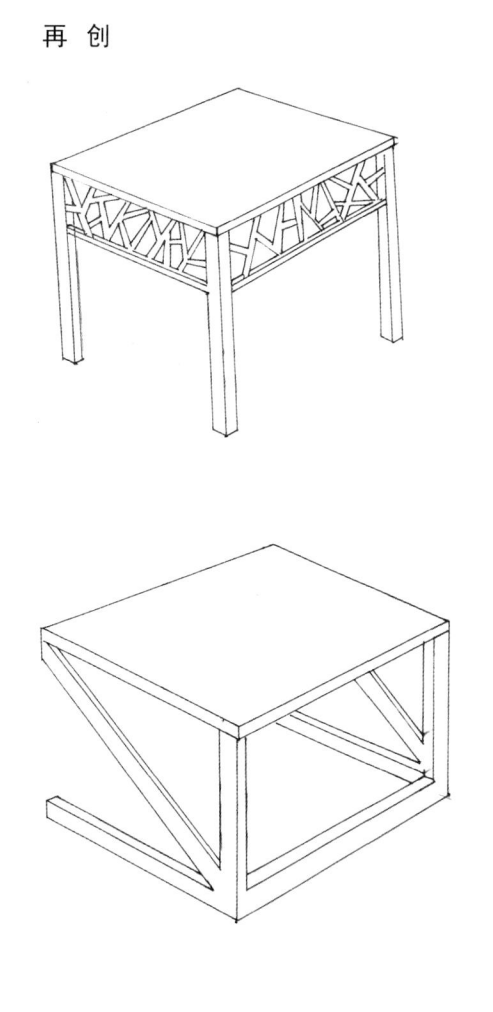

的深入推敲。交换方案时让对方明确设计要求，通过图纸、模型等手段让对方理解方案，通过手绘草图及模型等手段修改并完善对方的初步方案，双方互相协助完成方案的深入推敲。

训练三：

在以上合作的基础上，两个合作者为一组向大家展示介绍方案（介绍对方的方案，用图示分析 + 模型分析 + 适当讲解）。

（六）阶段六——表述

1. 训练要点

要点一：

以文字语言描述对象——培养描述的整体性和全面性。

要点二：

以图形语言描述场景——培养通过图形语言来表现想象力以及熟练运用多种专业的表达能力。

2. 训练：

训练一：描述风景

全体人员到户外，选择一个舒适的地方坐下眺望风景。开始时每人在纸上写下一句话来描述整个景色或眼前的部分景色。然后，每人都把纸传给右侧的人，下一个人再添上一句描述的话。重复这一过程直到每人的那张纸写满为止。接着，每人都读一读最后完成的描述语言。阅读这些描述语言有助于提高你在视觉上描绘风景的能力。在学习如何通过绘画来表现风景时，这是关键的一步。

训练二：

两人为一组，规定大家只能用语言交流。将一系列两两相似的空间名称分别写在纸条上，不能让对方看见纸条内容。两人分别画出给定空间的平面图、立面图、局部透视图并相互交换，看看对方能否读懂图中表述的空间，以发现类似空间的不同的视觉语言表达特点，然后交换下一组内容。

酒吧 / 餐厅　　　书店 / 图书馆
宾馆 / 居室　　　客厅 / 大堂
工作室 / 办公室　庭院 / 花园
教室 / 会议室
……

三、综合训练

(一) 综合训练一

1. 训练要点

注重专业表达语言的综合运用，注重专业表达的逻辑性，注重针对不同的对象抓住其特质进行创造性的表达手法的训练。

2. 训练

考察一栋建筑及其室内空间，综合运用"观察""记录""分析"的手段，将建筑的室内外空间用专业的视觉语言表达出来。

要求：

用专业语言记录（平面、立面、剖面）；注意观察角度的独特性、表达方法的多样性以及表达顺序的逻辑性。

3. 案例分析：

民居建筑——茶馆考察 (图4-85~图4-95　四川美术学院　刘万彬 绘)

该空间考察作业针对传统风格的老茶馆建筑作了全面的分析。除了将建筑区位、平面、立面、剖面、通风采光等按专业的表达法表达出来外，还用图表的方式表述了空间的使用情况，用类似速写的方式表述了人的活动与建筑空间的关系。

总之，针对该茶馆建筑，此案例较为全面地使用了设计思维表达的各种手段。

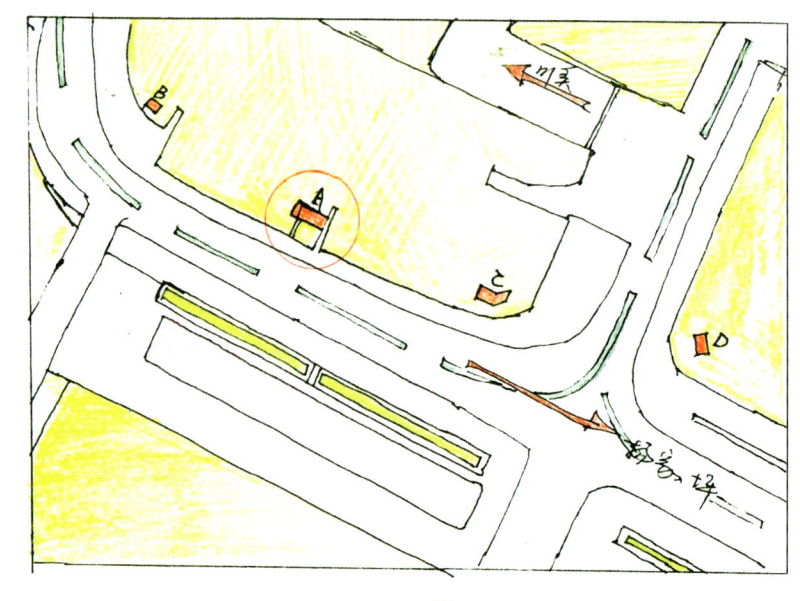

图4-85 茶馆区位及周边环境

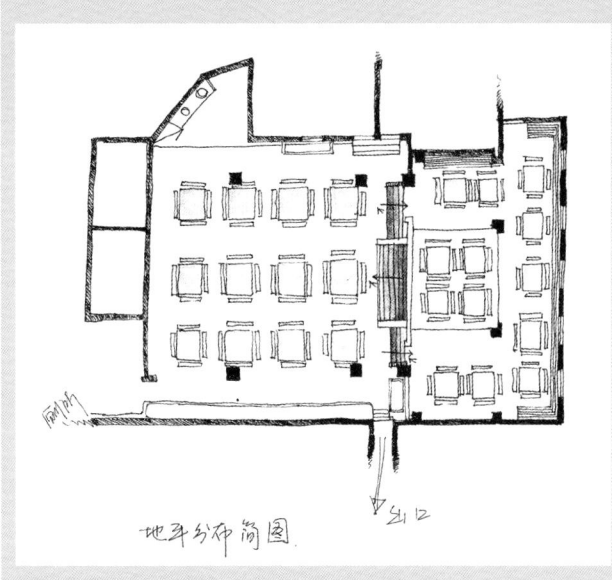

图4-86 茶馆总平面图

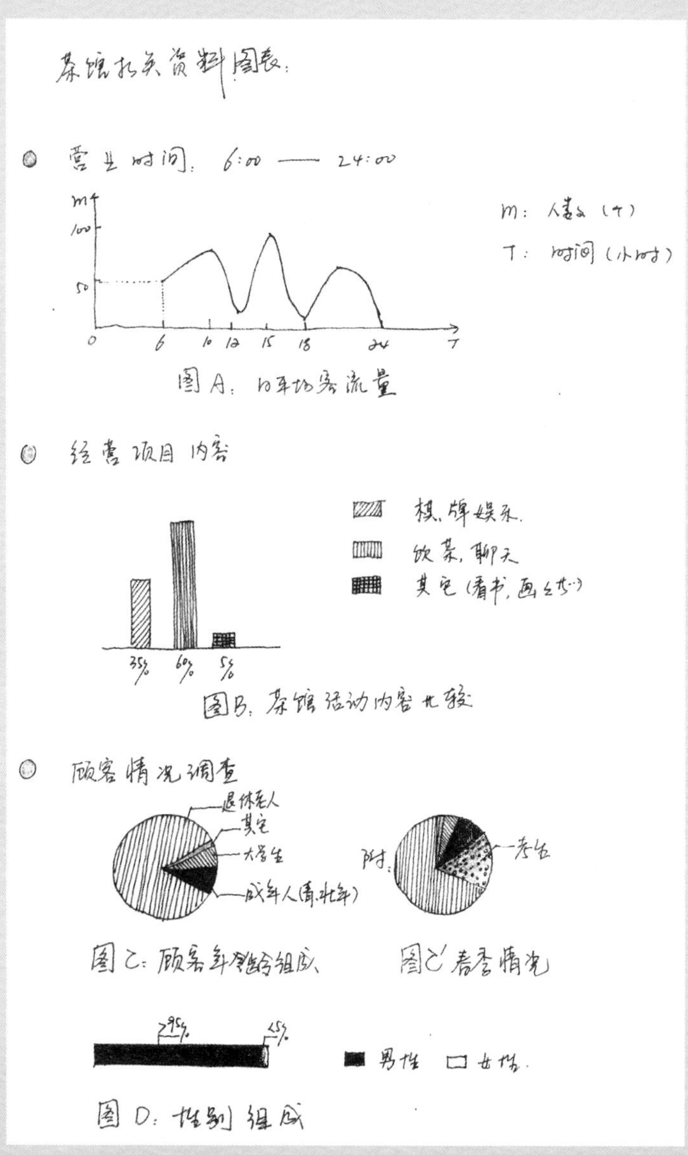

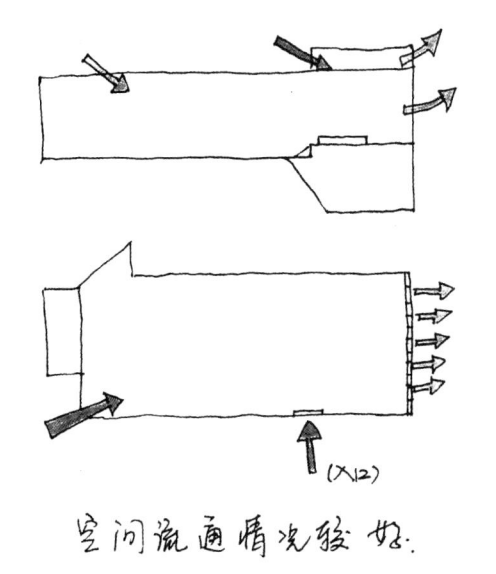

图4-88 茶馆通风采光分析

图4-87 茶馆使用情况分析

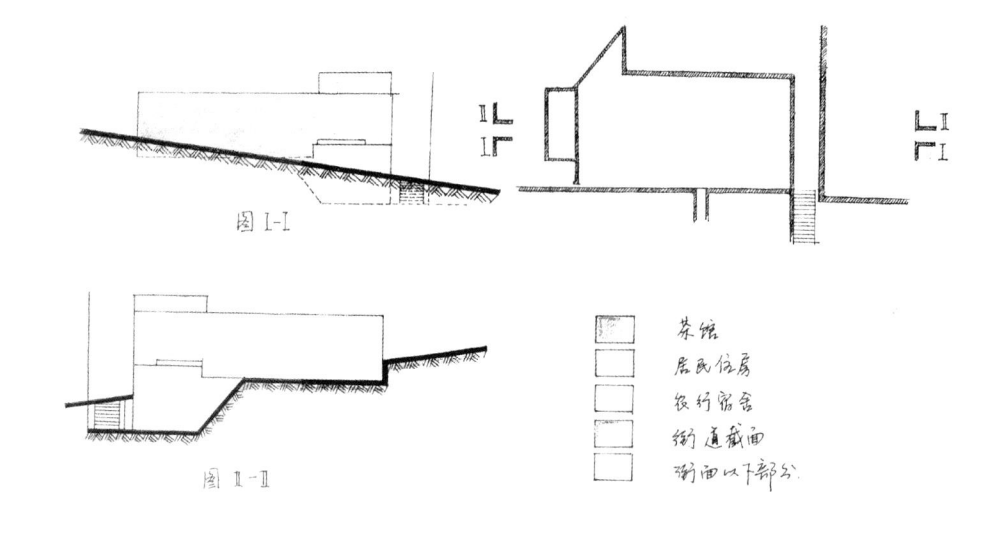

图4-89 茶馆外立面分析

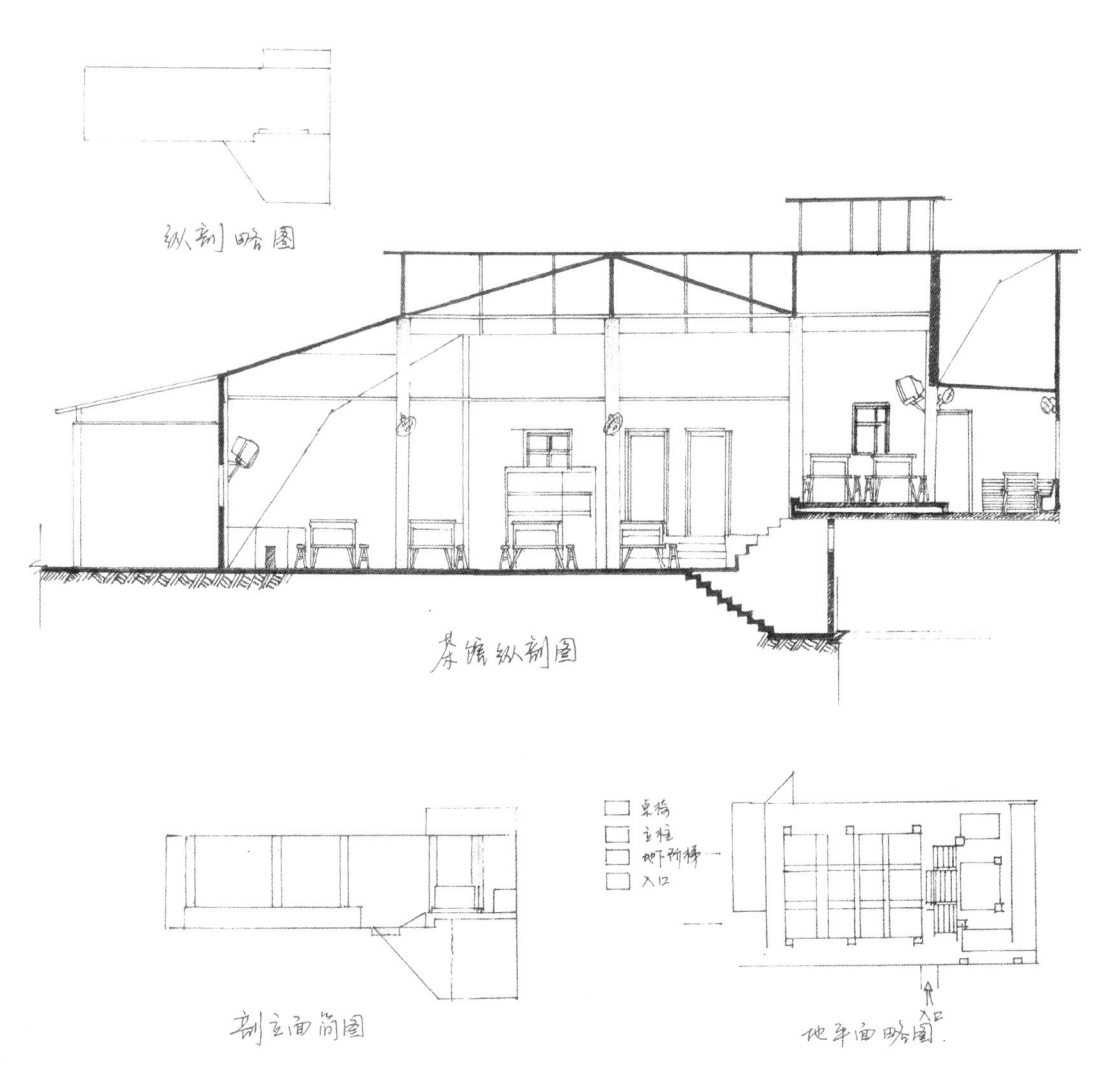

图4-90 茶馆空间剖面分析

图4-91 茶馆内部空间1

图4-92 茶馆内部空间2

图4-93 茶馆内部空间3

图4-94 茶馆内部空间4

图4-95 茶馆内部空间5

(二) 综合训练二

1. 训练要点

注重专业表达手法在实际设计中的运用，注重针对不同的方案进行创造性的表达手法的训练。

2. 训练：理想家园设计

在给定的范围内作出自己理想家园的平面布置草图分析。

要求：

在25米×25米的基地范围内，建筑必须为矩形或以矩形为单元组合的建筑空间，层数为一层，建筑总面积不超过150平方米。

对各空间的大小、功能、组织布局作出分析，对局部空间或整体空间作出剖面分析。作出两个不同的方案分析，完成理想家园建筑形态的进一步推敲并将理想家园用专业的手法表现出来。

3. 案例分析（图4-96～图4-103　四川美术学院　王蕾　绘）

此案例灵活运用设计思维表达的各种手段，完成了一个景观建筑方案的设计阶段的表述。通过设计思维表达系统的学习，设计者较为全面和系统地掌握了设计思维表达的方法。

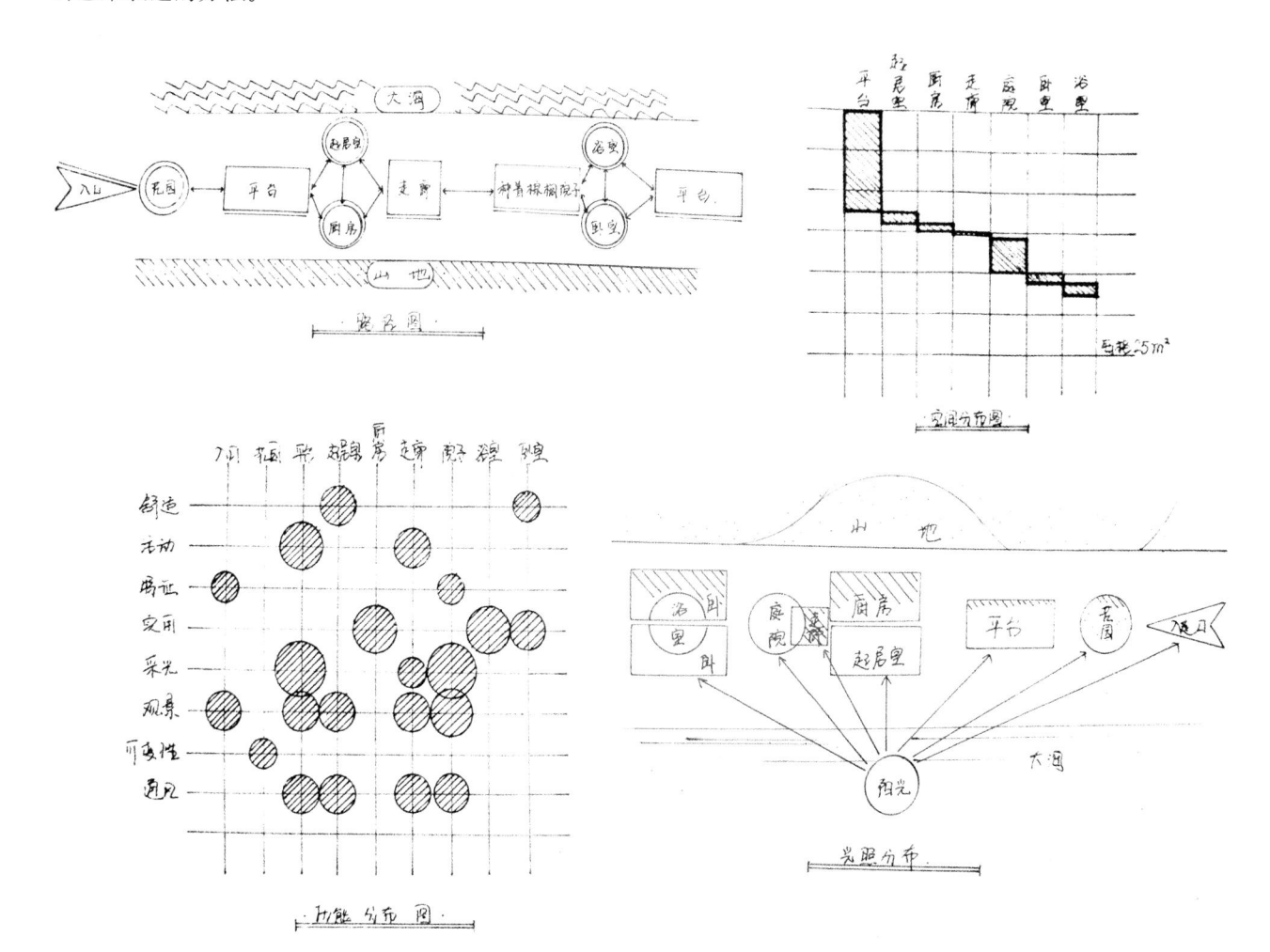

图4-96 建筑空间组织构思与分析1

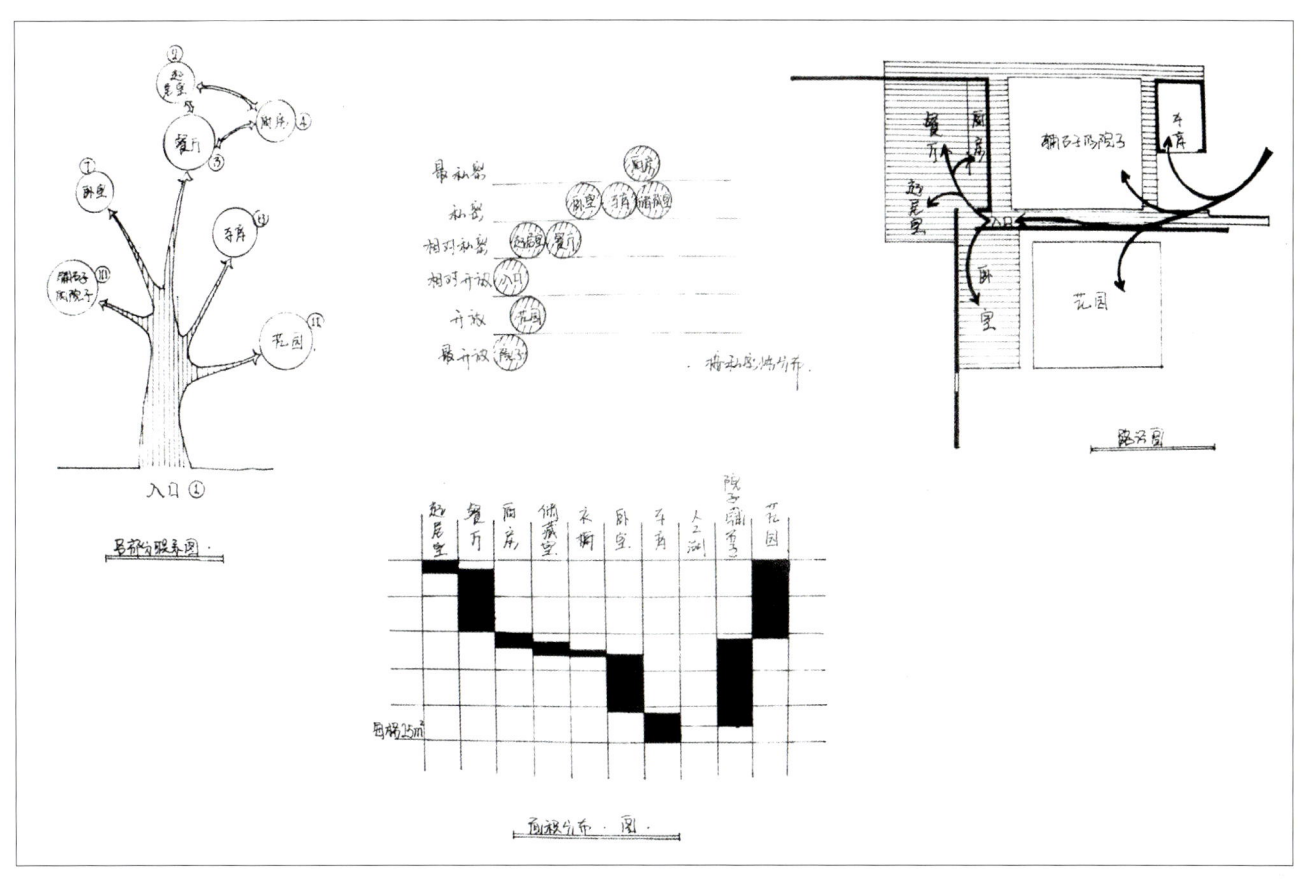

图4-97 建筑空间组织构思与分析2

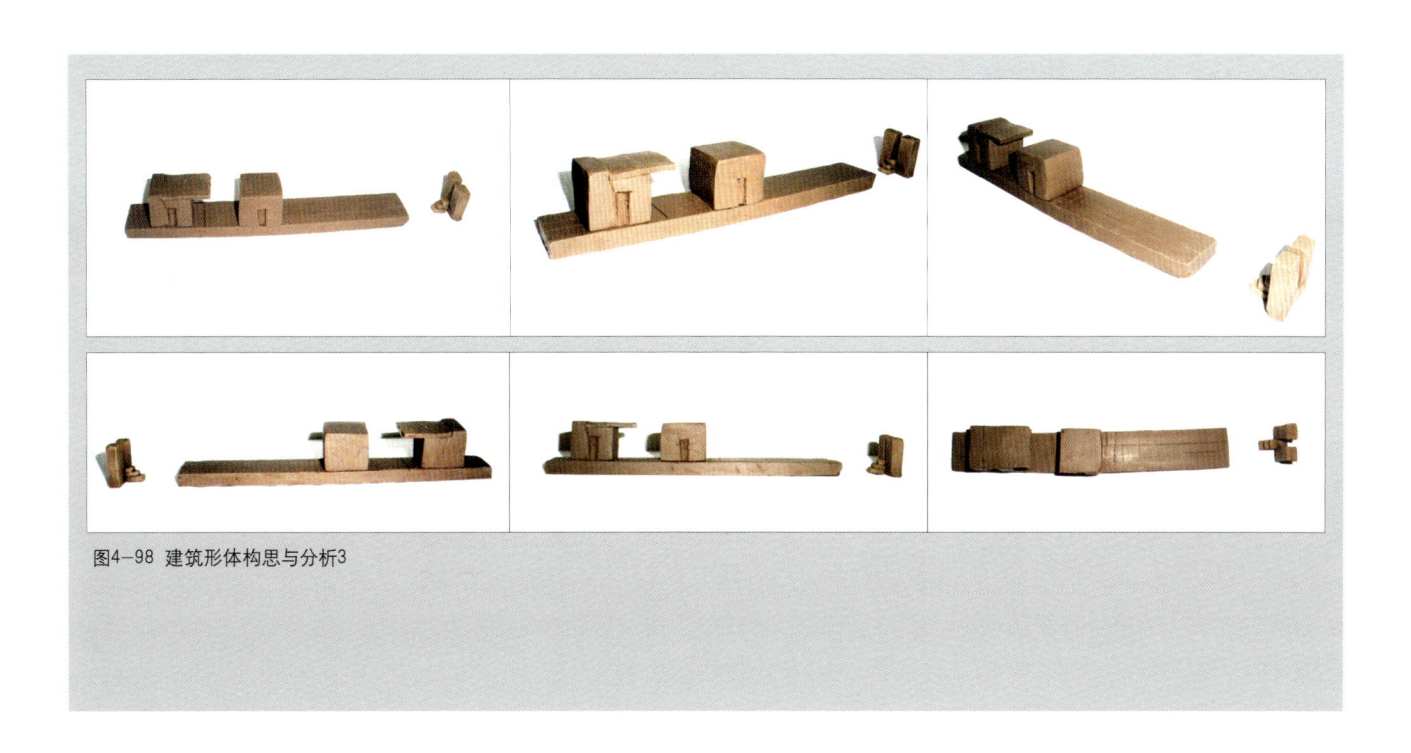

图4-98 建筑形体构思与分析3

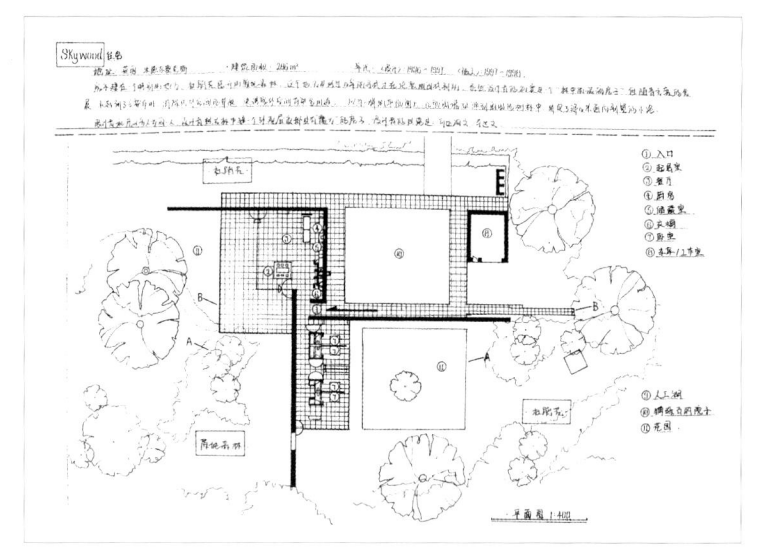

图4-99 建筑总平面图

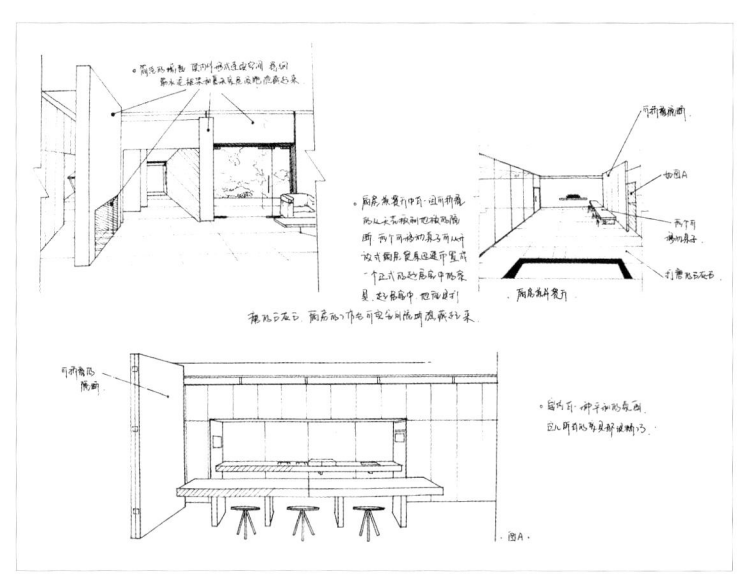

图4-100 建筑内部空间构思

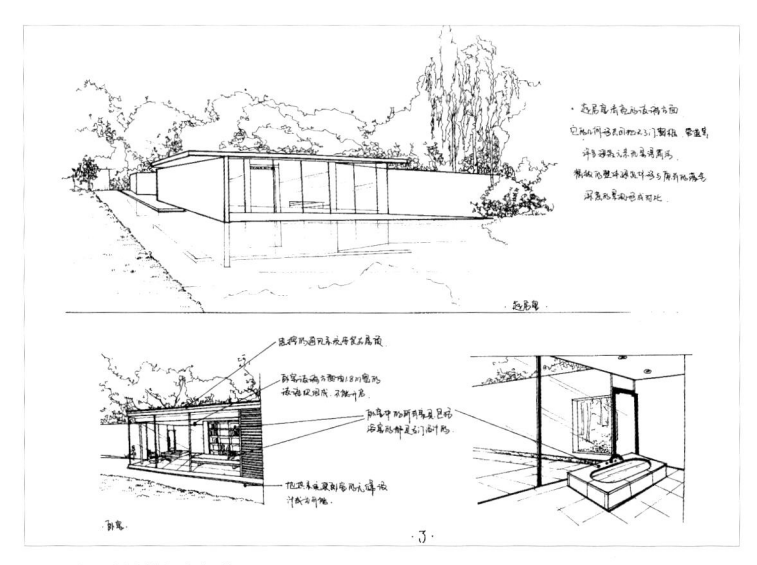

图4-101 建筑外部空间构思

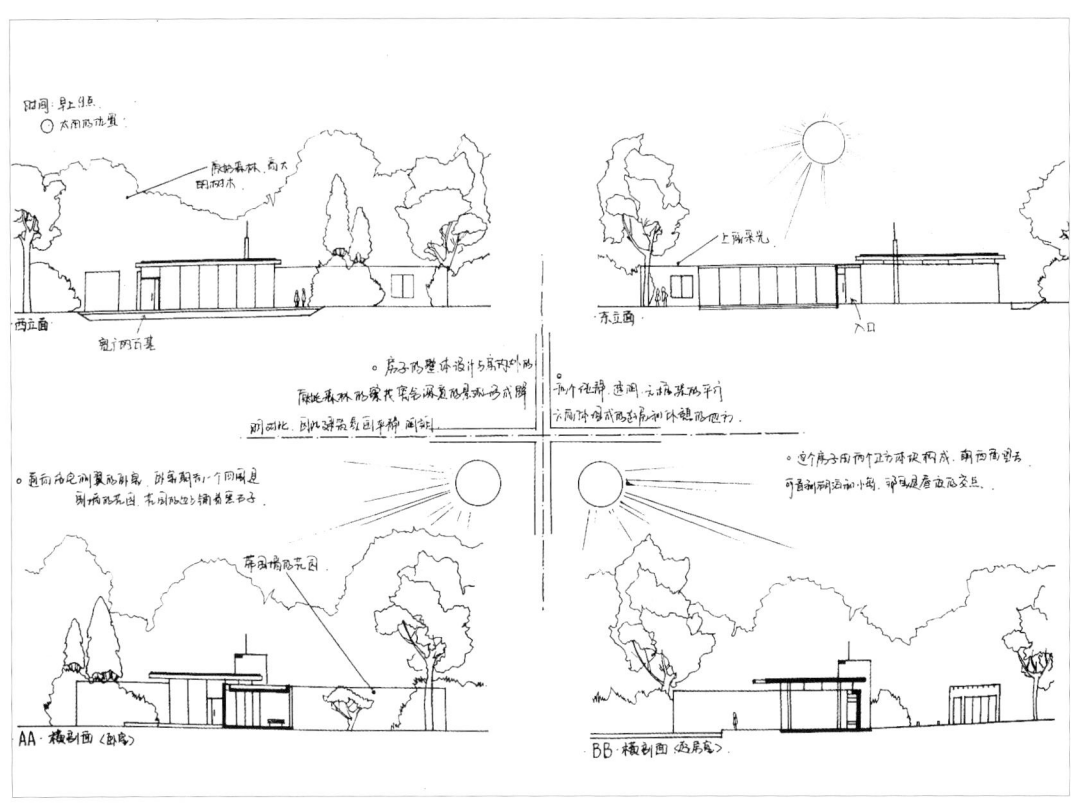

图4-102 建筑外立面图构思

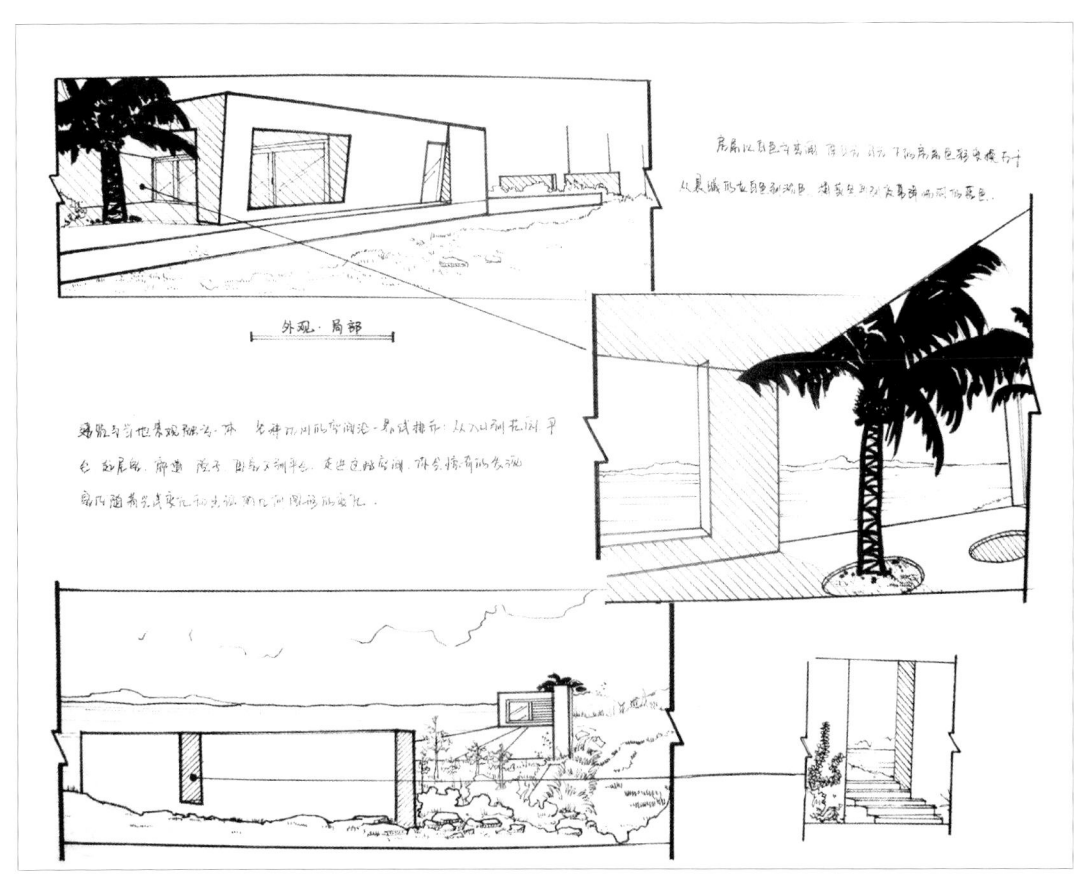

图4-103 建筑空间氛围

后记

设计，作为一门积累型学科，其学习过程是漫长的，期间无捷径可走。然而，少走弯路还是有可能的，结合设计课题把握好设计思维表达这一教学环节，对于提高学生的自信心与实际工作能力是非常有意义的。

设计师应当不断提高自己的艺术修养，艺术修养与其作品的质量以及风格是密不可分的。设计师的思维能力、表达能力以及对事物的感悟能力都是其整体修养的体现。

设计思维表达的方法很多，但有些基本技能是必备的。首先，应该掌握基础的专业知识、良好的工程制图知识（包括制图规范）等等。其次，应该具有一定的绘画功底，包括较好的速写能力以及色彩知识等。实际上，上述两者的结合已经构成了我们设计思维表达的基本技能，如果能做到两者之间你中有我，我中有你，经过长期锻炼后，一定能达到"得心应手"的境界。

主要参考文献

[1] 诺曼·克罗、保罗·拉塞奥著．吴宇江、刘晓明译．建筑师与设计师视觉笔记．北京：中国建筑工业出版社，1999

[2] 莫琳·米顿著．室内设计视觉表现基础．大连：大连理工大学出版社，2005

[3] 戴维.A.戴维斯、西奥多.D.沃克著．蔡红译．建筑平面表现图解．北京：中国建筑工业出版社，2002

[4] 余人道（Rendow Yee）著．陆卫东、汪翎、申祖烈、申湘等译．建筑绘画——绘图类型与方法图解．北京：中国建筑工业出版社，2004

[5] 王晓俊编著．风景园林设计．南京：江苏科学技术出版社，2002

[6] 盖尔·格里特·汉娜著．李乐山、韩琦、陈仲华译．设计元素——罗伊娜·科斯塔罗与视觉构成关系．北京：中国水利水电出版社、知识产权出版社，2003

[7] 朴永吉、周涛著．园林景观模型设计与制作．北京：北京机械工业出版社，2006

[8] [德]普林斯著．赵巍岩译．建筑思维的草图表达．上海：上海人民美术出版社，2005

[9] 崔笑声著．设计手绘表达——思维与表现的互动．北京：中国水利水电出版社，2005

[10] 保罗·拉索著．邱贤丰、刘宇光、郭建青译．图解思考——建筑表现技法．北京：中国建筑工业出版社，2002

[11] 保罗·拉斯奥编．祁文涛译．建筑手绘速写基础．大连：大连理工大学出版社，2008

[12] 顾大庆著．设计与知觉．上海：中华建筑工业出版社，2002

[13] 韩国DAMDI出版社编．李永实译．景观设计——程序与技法．大连：大连理工大学出版社，2004